中小型水电站数字化转型与实践

张勇　主编

中国电力出版社
CHINA ELECTRIC POWER PRESS

内 容 提 要

本书是针对中小型水电站的较为系统、全面介绍数字化转型关键技术、实践案例分享以及未来发展趋势展望的书籍，旨在为中小型水电站的智能监控、状态检修、智慧安全、经济调度等方面提供借鉴和参考。

本书分为 6 章，介绍了中小型水电站数字化转型的基础、中小型水电站数字化转型的关键技术、数字技术在中小型水电站的应用、中小型水电站数字化转型的实施路径、中小型水电站数字化转型应用案例与实践、中小型水电站数字化转型的前景展望等内容。

本书可供中小型水电站数字化转型各个环节和各管理层次人员日常工作、学习、培训使用。

图书在版编目（CIP）数据

中小型水电站数字化转型与实践 / 张勇主编. -- 北京：中国电力出版社，2025. 6.
ISBN 978-7-5239-0053-6

Ⅰ．TV742

中国国家版本馆 CIP 数据核字第 2025VY0668 号

出版发行：中国电力出版社
地　　址：北京市东城区北京站西街 19 号（邮政编码 100005）
网　　址：http://www.cepp.sgcc.com.cn
责任编辑：孙　金（010-63412720）
责任校对：黄　蓓　张晨荻
装帧设计：王红柳
责任印制：杨晓东

印　　刷：三河市航远印刷有限公司
版　　次：2025 年 6 月第一版
印　　次：2025 年 6 月北京第一次印刷
开　　本：710 毫米 ×1000 毫米　16 开本
印　　张：9.5
字　　数：123 千字
定　　价：58.00 元

前　言

　　习近平总书记在 2023 年 7 月中央全面深化改革委员会第二次会议上强调"要深化电力体制改革，加快构建清洁低碳、安全充裕、经济高效、供需协同、灵活智能的新型电力系统，更好推动能源生产和消费革命，保障国家能源安全"。为我国能源发展指明了方向，提供了遵循。我国地大物博，江河密布，水力发电资源十分丰富，我国作为全球规模最大的水力发电国家，截至 2024 年 3 月，我国水电装机容量已达 4.23 亿 kW，占全国发电装机容量的 14%，2023 年水力发电量 12858.5 亿 kWh，占全年发电量的 14% 左右；水力发电是将水的势能转化成电能，借水还水，不消耗水，不污染水，由此可见，水电是重要的可再生清洁能源之一，在构建我国新型电力系统中将发挥重要作用；管理好、利用好水力发电对促进国家、世界经济绿色、低碳可持续发展，构建人类命运共同体都至关重要。

　　我国开发利用水电的历史已超百年，21 世纪以来水电站建设运营更是走在世界前列，建成了三峡、白鹤滩、乌东德等一批大型、巨型水电站。这些大型、巨型水电站建设年代较近，从设计、建设到后期运营管理都已实现了数字化、智能化、智慧化管理。然而，30 万 kW 以下的中型水电站，5 万 kW 以下的小型水电站，由于建设时间较早，分布广泛，投资主体众多、运营管理模式多样，所以不可避免地存在管理标准难统一，自动化、信息化、智能化程度不高等问题。这些问题不仅影响了水资源循环利用效率和劳动效率，也增加了安全管理的难度，在此背景下，中小型水电站更应该主动拥抱科技，通过数字化转型主动创新、变革，实现降本、提质、增效。国家相关部委正在通过"水电站安全达标建设""创建绿色小水电"

等系列工作，来促进中小型水电站的持续健康发展，中小型水电站在数字化转型方面有着更为迫切的需要。

当今正处于一个大数据、人工智能的数字化时代，数字化转型是企业发展的必然趋势，是发展新质生产力的重要途径。随着电力体制改革的深入推进，源、网、荷、储新型电力系统的构建，作为源头之一的中小型水电站也必须走数字化转型的道路，依靠人工智能、大数据等科技赋能才能适应新型电力系统的协调发展。在众多的中小型水电站中，已有一批先知先觉的企业开始了数字化转型的探索与实践，在电站的智能监控、状态检修、智慧安全、经济调度等方面取得较好实效，也还有许多中小型水电站才刚刚起步或者还处于观望等待中，急需一本针对中小型水电站的较为系统、全面介绍数字化转型关键技术、实践案例分享以及未来发展趋势展望的书籍来为他们提供借鉴和参考。

本书编写过程中，得到了各级领导及行业专家的大力支持和帮助，为该书的成稿、出版提出宝贵意见和建议，在此表示衷心感谢。

编　者

目　录

第一章

中小型水电站数字化转型的基础

　　数字化转型作为一种深刻的产业变革，对中小型水电站的发展起到了革命性的推动作用，其概念涵盖了将传统的水电产业引入数字化技术的全过程，涉及信息技术、大数据、人工智能等多个方面内容。其必要性体现在提高水电站运营效率、降低维护成本、优化水资源利用、提高安全管控等多个层面。数字化转型不仅是一种技术的更新换代，更是一场关乎管理理念和组织模式的深刻变革。在理论框架方面，数字化转型的成功实施需要考虑技术、管理和组织三个层面。在技术方面，中小型水电站需要积极采用先进的数字技术，如物联网、云计算、大数据分析等，以提高数据采集、分析和应用的能力。在管理方面，数字化转型需要引入先进的管理理念，包括数据驱动的决策、智能化的运营管理等，以提高整体管理效率。在组织方面，数字化转型需要进行组织结构的重新设计，培养具备数字化技能的人才，以适应数字化时代的发展需求。数字化转型的构想与目标是使中小型水电站实现更高效、更智能、更可持续的发展。构想方面，需要明确数字化转型的战略目标，包括提高资源利用率、降低运营成本、提高设备可靠性等。目标方面，需要通过数字化手段实现运营数据的实时监测、设备的智能化管理、运维流程的优化等，从而实现中小型水电站数字化转型的全面提升。

因此，本章将深入探讨中小型水电站数字化转型的基础，从多个角度全面解析数字化转型的理论要点，为读者提供清晰的认识和深入的理解，为后续章节的具体案例和应用提供有力的理论支持。

第一节　中小型水电站的特点

一、地理分布广泛

我国地域辽阔，大小河流密布，地势高差明显，为水能资源的开发提供了优越的自然条件。相较于大型、巨型水电站，中小型水电站因其规模较小，具有建设周期短、投资成本低、选址灵活等优势，使得它们在全国范围内得到广泛开发利用。据统计，全国水电站总数约 10 万座，其中 30 万 kW 以下的中小型水电站占比超过 90%。

由于中小型水电站规模小，选址更加灵活，因此大多分布在偏远山区和农村地区。这种分布特性使得水电站能够充分利用当地的水资源，减少外部能源依赖，同时为当地居民和企业提供稳定的电力供应，促进地方经济发展。此外，中小型水电站的地理分布特征也决定了它们更靠近用电负荷终端，就近消纳电能，降低高压输电网络建设成本，有效减少输电损耗，提高能源利用效率。

不仅在中国，中小型水电站在国际上也得到了广泛应用，特别是在水资源丰富且电网基础设施相对薄弱的发展中国家，如印度、巴西、柬埔寨等。这些国家的中小型水电站发展主要得益于其较低的建设成本、较短的施工周期以及环保优势。此外，一些欧洲国家也在山区和偏远地带广泛建设中小型水电站，以提供可靠的可再生能源，推动当地可持续发展。与此同时，随着技术的进步，中国的中小型水电站正在加快数字化转型进程，通过智能化管理提升运行效率和安全性，为全球中小型水电的发展提供了借鉴经验。

二、运维成本较高

在中小型水电站的运维过程中涉及运行管理和设备维护。

运行管理主要分为三个模块：生产管理、安全管理和人员管理。生产管理，需要根据电网的负荷需求和水电站的来水情况合理安排水电站的发电计划，优化水电站运行方式，提高水能利用率，做好水电站的水库调度工作，确保水库的安全运行和水资源的合理利用。安全管理，健全水电站的安全管理制度，加强对员工的安全教育和培训，同时加强水电站的安全设施建设，确保设备和人员的安全。定期进行安全检查和隐患排查，及时消除安全隐患。人员管理，配备专业的运维人员，确保水电站的正常运行，加强对运维人员的培训和考核，提高其业务水平和工作能力，建立完整合理的绩效考核制度，调动运维人员的工作积极性。

设备维护包括水轮机维护、发电机维护、电气设备维护、电气连接部位维护等。水轮机维护，定期检查水轮机部件的磨损情况，及时进行修复和更换，同时也要对水轮机的轴承进行定期润滑和检查，确保轴承的正常运转，定期清理水轮机过流部件的杂物和泥沙，防止堵塞和磨损。发电机维护，检查发电机部件的绝缘性能，及时发现并处理绝缘损坏问题，同时对发电机的冷却系统进行维护，确保冷却效果良好，定期检查发电机的电刷和滑环，及时更换磨损严重的电刷，保证电刷与滑环之间的良好接触。电气设备维护，对变电站的变压器、断路器、隔离开关等设备进行定期巡检和维护，确保设备的正常运行，同时维护水电站的继电保护装置和自动控制系统，确保其可靠性和准确性。此外，对水电站的电缆、母线等电气连接部位也要及时进行检查和维护，防止出现接触不良和发热等问题。

由于一些中小型水电站分布在偏远或山区，运维和维护难度较大，有时会面临交通不便、设备故障检测与维护困难等问题。例如，设备老化，许多中小型水电站建设时间较早，设备运行年限较长，出现老化、磨损严重的情况。这不仅降低了设备的效率，还增加了维修和更换设备的频率，提高了运维成本。技术落后，部分中小型水电站的设备技术相对落后，自动化程度低。这使得在运行过程中需要更多的人工干预，增加了人力成本。而且，落后的技术可能导致能源利用率低，增加了发电成本。设备维护成本高，由于中小型水电站规模较小，在采购设备和零部件时往往缺乏规模优势，采购成本较高。专业人才短缺，中小型水电站通常位于偏远地区，工作环境相对艰苦，难以吸引和留住专业人员。为了维持电站的正常运行，不得不提高薪酬待遇来招聘和留住员工，这也增加了人力成本。自然条件影响，中小型水电站通常受自然条件的影响较大，如河流流量的变化、干旱等，这些自然因素可能导致设备损坏、发电减少等问题，也增加了维修和恢复生产的成本。

综上所述，目前中小型水电站相对于大型、巨型水电站在单位发电运维成本方面并不占优势，数字化转型是提高运营效率、降低运维成本、提升安全性能和适应能源转型和市场需求的必然选择。通过数字化转型，中小型水电站可以实现智能化、高效化、安全化和可持续发展。

三、对电网稳定性有积极作用

中小型水电站可以在电网出现故障或其他电源供应中断时，迅速响应并提供可靠的电源支撑，增加供电可靠性，减少停电时间和范围。当自然灾害等原因导致主电网供电中断时，就近的中小型水电站可以作为应急电源，为关键设施等提供电力保障、平衡电力供需。电网中的电力供需平衡是保证电网稳定运行的关键因素之一，中小型水电站可以根据电网的负荷需求，灵活调整发电量，起到平衡电力供需的作用。与其他类型的电源相比，水电站的启停速度较快，可以在较短的时间内响应电网的负荷变化，提高电网的调节能力。

改善电网的电能质量。水电站的发电机可以通过自动励磁调节系统，稳定输出电压，减少电压波动。这对于电网中的敏感设备和用户来说非常重要，如电子设备、精密仪器等。稳定的电压可以保证这些设备的正常运行，提高设备的使用寿命和可靠性；提高频率稳定性。电网的频率是衡量电力系统运行稳定性的重要指标之一。中小型水电站可以通过快速响应电网的频率变化，调整发电量，维持电网的频率稳定。

加强电网的抗干扰能力。在电网遭受突发事件如雷击、短路等，中小型水电站可以通过快速切除故障、调整发电量等方式，减少对电网的影响，提高电网的抗干扰能力。同时，水电站可以根据电网的需求，调整发电量，维持电网的稳定运行；提高电网的自愈能力。中小型水电站可以与其他分布式电源和智能电网技术相结合，提高电网的自愈能力。

中小型水电站对促进可再生能源的发展有着积极的影响和作用。中小型水电站可以与其他可再生资源进行互补发电，提高可再生资源的利用率，促进可再生能源的发展。此外，中小型水电站辅机设备较少，开机并网流程相对简单，从下达开机指令到并网发电的响应速度很快，在电网事故应急处置中经常起到调频的作用，还经常作为局部电网黑启动的电源点。同时可以根据电力系统的需要进行调度，对电网的稳定性产生积极影响，有助于平衡电力系统的负荷。

第二节　数字化转型的基本概念

数字化转型是企业或组织为适应信息时代潮流而进行的全面变革。通过广泛应用数字技术，数字化转型重新构思和优化内外工作流程、组织结构和运行模式，旨在提高效率、推动企业创新、增强竞争力。这并非只是技术的升级，更是对整个组织的全面优化。

数字化转型是一项综合性改革，旨在利用先进的数字技术和信息化手段，对传统产业的各个方面进行整合和创新改造。这一转型并非简单地将传统运行模式搬至数字化平台，而是通过重新审视和重构流程、管理模式以及价值链条，实现企业的全面升级和转型升级的目标。在中小型水电站领域，数字化转型扩展至水电站的设计、建设、运营、管理的全过程。它通过引入先进的数字技术，如大数据分析、物联网、人工智能等，以实现水电站运营管理的智能化、精细化和协同化。具体而言，数字化转型将传统的水电站生产、运营和管理过程数字化，通过数据的收集、分析和应用，实现对水电站运营的实时监测与优化，从而提高效率、降低成本，也促进了水电站产业的可持续发展。这种转型不仅为水电行业带来了新的发展机遇，也为提升水电站的竞争力和适应市场需求提供了新的路径和可能性。

数字化转型的核心特征在于将传统模式转变为数字化、智能化、信息化的模式，以更灵活地适应不断变化的市场和技术环境。它需要对固有流程全面重构，以适应数字环境下的高效协同和自动化需求，组织结构的调整同样是不可避免的，从而提高决策的灵活性和推动信息的流动。

第三节　数字化转型的理论框架

一、战略规划

企业在明确数字化转型的战略目标时，需要全面考虑企业的使命、愿景以及未来的市场定位。这涉及工作模式上的创新，并且数字化转型的战略规划还需与整体企业战略相一致，确保数字化转型是整个组织发展的有机组成部分。在此过程中，需要深入分析行业趋势、竞争态势，以制订具有前瞻性和可持续性的数字化战略。提升管理水平，建立数字化管理平台，实现水电站各项业务的信息化管理，提高管理决策的科学性和准确性。例如，通过管理平台对设备资产、人员等进行统一管理，实现数据共享和协同工作，提高管理效率。加强安全管理，利用数字化技术实现对水电站安全风险的实时监测和预警，实现对水电站重点区域的实时监测，及时发现安全隐患并进行处理。

增强竞争力适应能源市场的变化，通过数字化转型提高水电站的灵活性和适应性，满足市场对清洁能源的需求。利用智能调度系统，根据市场需求和电网负荷情况，灵活调整发电量，提高水电站的市场竞争力。推动可持续发展，通过数字化技术实现对水电站环境影响的监测和评估，提高水电站的环保水平。同时工作流程的重构也是数字化转型的重要组成部分。企业需要审视现有的工作流程，识别瓶颈和优化点，并通过数字化手段实现流程的自动化和智能化。这包括从市场调研到供应链管理等各个环节的重新设计，更好地提高效率、降低成本。数字化转型不仅是技术工具的引入，更是对流程的重新塑造，使之更适应快速变化的市场需求。成功的工作流程重构将使企业更加灵活、敏捷，并为创新和增长提供坚实基础。

二、技术基础设施

技术基础设施是数字化转型的支撑和保障。理论框架中强调构建稳健、灵活、可扩展、安全的技术基础设施的重要性。这包括云计算、物联网、大数据分析和人工智能等关键技术的应用。云计算为企业提供了灵活性和弹性，使其能够根据需要扩展或缩减资源。数据驱动决策同为至关重要的环节。企业依赖于大量的数据采集、分析和利用，以便更准确地了解市场需求和用户行为。通过数据驱动决策，企业能够基于客观事实制订更为精准的战略和决策。这种方法不仅提高了企业对市场的敏感性，还增强了对内部运营的洞察力。通过深入挖掘数据，企业能够更好地预测趋势，并迅速做出反应，使企业在市场中保持敏锐的竞争优势。

物联网技术使得设备能够互相连接和交换数据，实现智能化运营。大数据分析为企业提供了处理和分析海量数据的能力，从而揭示潜在的商业见解。人工智能技术则赋予系统智能决策和学习的能力，提高了工作效率和模式创新。通过这些关键技术的综合应用，企业能够更好地支持数字化转型的各个方面，为未来的发展打下坚实基础。

设备智能化包括设备升级改造、设备状态监测、设备维护管理。建立设备智能维护管理系统，实现设备维护的信息化管理。通过系统对设备维护计划进行制订和跟踪，提高设备维护效率。利用大数据分析技术，对设备维护数据进行分析，优化设备维护策略；生产数字化包括生产过程监控、生产调度优化、生产数据分析。利用传感器和物联网技术，对水电站生产过程实时监控，同时建立智能调度系统。通过智能调度系统，实现水电站的经济运行，提高水能利用率。通过对运行数据分析，发现生产过程中的问题和瓶颈，优化生产流程，提高生产效率。信息化管理包括建立管理信息系统、数据共享协同、决策支持系统。建立涵盖水电站设备管理、生产管理、安全管理等各个方面的管理信息系统，同时建立数据共享平台，实现各部门之间的数据共享和协同工作。利用大数据分析和人工智能技术，为管理决策提供科学依据。

三、组织文化与人才培养

数字化转型的成功取决于企业内部的文化和人才。在理论框架中，强调建设支持创新和学习的组织文化是至关重要的。企业需要打破传统的组织沟通和决策模式，鼓励员工参与创新和尝试新的方法。领导要认识到数字化转型的重要性，为转型提供必要的资源和支持，推动转型工作的顺利进行。数字化转型要求企业拥有敏捷的组织文化，能够适应快速变化的市场环境。建立积极、开放、鼓励尝试和学习的文化氛围，有助于激发员工的创新潜力。加强员工培训，提高员工的数字化素养和技能水平，适应数字化转型的要求。通过培训和引进新的人才，确保团队具备数字化所需的技能和思维方式。调整组织架构，适应数字化转型的需要，建立数字化管理部门，负责数字化转型的规划、实施和管理工作。

明确各部门的职责和分工，加强部门之间的协同合作。数字化领域的人才需求不断演变，因此持续的培训和招聘计划是确保企业具备必要技能和智力资源的关键。

四、运营管理

运营管理在推动水电站数字化转型中发挥着核心作用，推动传统运维模式向智能化、自动化方向升级。通过物联网技术，水电站可以实现设备状态的实时监测，结合大数据分析和人工智能算法，运维人员能够精准预测设备故障，提前进行维护，减少非计划停机时间，提高设备可靠性。此外，云计算技术的引入，使得水电站可以远程调度和管理多个站点的数据，提升整体运营效率。数字化管理系统不仅优化了资源配置，减少了人工干预和运维成本，还通过智能调度和优化控制，提高了水能资源的利用效率，降低了对电网的冲击，增强了电网稳定性。同时，数字化手段还能提高安全管理水平，结合视频监控、智能巡检机器人等技术，实现对现场环境和关键设备的全面感知与预警，降低安全事故风险。总体而言，数字化转型使得中小型水电站能够在保障安全的前提下，实现高效、经济、绿色的运营管理模式，进一步提升水电站的竞争力和可持续发展能力。

第四节　中小型水电站数字化转型的意义

一、提高效率和降低成本

数字化转型旨在实现中小型水电站运营和管理的高效率，通过减少人工干预和优化流程，达到降低运营成本的目标。引入先进的数字技术，实时数据监测和自动化流程，使水电站能够更迅速地获取关键信息，提高运营的响应速度。中小型水电站的目标是最大化电能产出，以提高电站的经济效益。数字化调度系统可以根据实时的用电需求和水流状况，优化发电计划，确保水电站在不同条件下能够实现最大程度的电能产出。智能化运维通过物联网技术和大数据分析，实现对水电站设备的智能监测和预测性维护，提高设备可靠性，减少停机时间，从而进一步提高电能产出的经济效益。这一综合的数字化策略旨在确保水电站在不同条件下能够实现最大程度的电能产出，为经济可行性提供强有力的支持。

自动化运行与监测和智能数据分析是提高效率的主要组成部分，通过设备的自动控制和远程监控减少人工干预，降低操作失误风险。自动化系统实时监测关键设备的运行参数，出现异常情况能及时报警并采取相应措施，确保设备稳定运行。优化机组运行，根据来水量、电网需求等因素自动调整发电功率，提高水能利用率，从而增加发电量。对水电站大量的运行数据进行深度分析，例如分析不同水位、流量下的发电效率，为优化水库调度提供依据。通过对设备故障数据的分析，预测设备故障发生的可能性，提前进行维护保养。

数字化转型后，部分工作可以由自动化系统完成，减少对人工的依赖，可以节省大量人力成本。通过数字化管理系统，管理者可以实时监测设备运行状态、生产效率等数据，使其能够及时做出决策，提高运营效率。

二、提高运行稳定性

中小型水电站通过数字化监测系统，致力于强化对设备状态和安全风险的监测，以提高水电站的整体安全性。数字化监测系统将实时追踪设备运行状态、关键性能指标，并利用先进的算法进行异常监测。通过对设备进行智能诊断，水电站能够迅速识别潜在的故障和安全隐患，采取预防性措施，降低事故发生的概率。这种数字化的安全监测系统不仅提高了水电站对安全问题的感知能力，也缩短了问题的响应时间，从而更有效地保障水电站的安全运营。

提升安全性包括实时监测与预警和安全管理信息化两个部分。利用先进的传感器技术和监测系统，对水电站的各个关键部位进行实时监测，如大坝安全、厂房环境、电气设备运行状态等。一旦发现异常情况，立即发出预警信号，提醒工作人员及时处理，避免事故的发生。例如，对大坝的位移、渗流等参数进行实时监测，确保大坝安全稳定等；通过数字化平台实现安全管理流程的信息化，包括安全检查、排查隐患、预警处理等。提高安全管理的规范性和效率，确保各项安全措施得到有效落实。同时记录和跟踪安全事件的处理过程，便于事后分析和总结经验教训，不断完善安全管理体系。

三、降低环境影响

中小型水电站利用水流的能量发电，在运行过程中不产生二氧化碳、二氧化硫等温室气体和大气污染物。与火力发电相比，可显著减少温室气体排放，对缓解全球气候变化具有积极作用。例如，一座装机容量为 10MW 的中小型水电站，每年可替代约 4000t 标准煤的火力发电，从而减少约 10000t 二氧化碳排放。中小型水电站作为可再生能源发电形式之一，有助于增加可再生能源在能源结构中的比例，推动能源转型，减少对化石能源的依赖。

中小型水电站数字化的转型促进了水资源的优化管理，通过合理的水库调度，可以实现水资源的优化配置，提高水资源的利用效率，同时保护河流生态系统的稳定性。中小型水电站通过数字化生态环境管理，旨在降低水电站对周围环境的影响，以实现可持续发展。数字化系统将全面监测水电站的生态环境影响，包括水质、植被状况等生态指标。通过实时数据收集和分析，能够迅速调整运营策略，以减少对生态系统的负面影响。这种数字化生态环境管理不仅有助于满足环保法规的要求，还有利于提升水电站在社会中的形象，促使其更好地适应未来环境的可持续性。通过数字化手段，水电站能够更精准地衡量和减轻其对环境的影响，实现经济与生态的双赢。

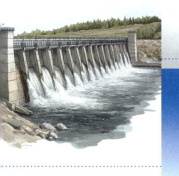

第二章
中小型水电站数字化转型的关键技术

　　中小型水电站的数字化转型是当前水电行业发展的重要趋势之一。在转型过程中，关键技术的应用将成为推动中小型水电站发展的核心力量。本章将深入探讨中小型水电站数字化转型的关键技术，包括设备状态感知技术、数据传输处理存储技术、数据信息安全技术、数字孪生技术、流域来水预测技术、机器人巡检技术等。这些技术不仅将为中小型水电站提供更加智能、高效的运营管理手段，也将为保障水电站安全运行、提高能源利用效率提供有力支持。通过深入理解和掌握这些关键技术，中小型水电站能够更好地适应数字化时代的发展需求，实现可持续发展。

第一节　设备状态感知技术

一、概述

　　设备状态感知是指通过各类传感器、物联网设备、视频监控系统等前端设备，实时、准确地获取水电站生产运行过程中的各类数据，包括水位、流量、机组状态、环境参数等，为后续的数据处理、分析、决策支持提供基础数据支持。该技术融合了物联网、云计算、大数据、人工智能等多种先进技术，是中小型水电站数字化转型的关键技术之一。

设备状态感知的优势不仅在于其高精度与实时性，更在于其强大的扩展性与灵活性。随着技术的不断进步，传感器与物联网设备愈发智能化，能够自动校准、远程管理，甚至具备一定的预测维护能力，有效降低了人工干预成本，提高了数据采集的准确性与效率。同时，通过标准化的接口与协议，不同厂家、不同型号的设备能够无缝对接，为水电站构建统一的数据采集平台提供了可能。

在设备状态感知体系中，云计算与大数据技术作为强有力的支撑，使得海量数据的存储、处理与分析成为可能。云计算提供的弹性计算资源与高效的数据处理能力，为水电站提供了强大的数据处理引擎，能够实时处理并优化采集到的各类数据，快速响应运营需求。而大数据技术则通过对海量数据的深度挖掘与分析，揭示数据背后的隐藏规律与趋势，为水电站的精细化管理、科学调度、故障预警等提供科学依据。此外，人工智能技术的融入更是为设备状态感知插上了翅膀，通过机器学习算法与深度学习技术，水电站可以对历史数据进行学习，自动识别异常模式，预测设备故障，甚至实现智能调度与优化控制。这种智能化转型不仅提升了水电站的运行效率与安全性，也为实现绿色低碳、可持续发展的能源战略目标奠定了坚实基础。

二、主要工作原理

根据水电站的具体需求，可选择不同类型的传感器，如水位传感器、流量计、振动传感器、温度传感器等。

（一）水位传感器

水位传感器作为中小型水电站运行管理中的"眼睛"，其重要性不言而喻。它们不仅是实时监测水库、河道及引水渠道水位变化的关键工具，更是保障水电站安全高效运行的重要一环。根据测量原理的不同，水位传感器可分为浮子式、压阻式、超声波式、雷达式等多种类型。

1）浮子式水位传感器（如图2-1所示）是基于阿基米德原理设计

的，其核心部件是一个随水位升降而浮动的浮子。浮子通过机械装置（如杠杆、滑轮等）与传感器内部的测量机构相连，当水位上升或下降

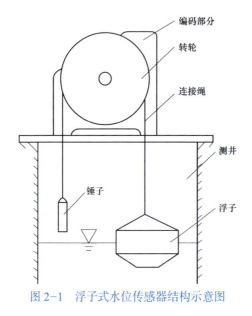

编码部分

转轮

连接绳

测井

锤子

浮子

图 2-1　浮子式水位传感器结构示意图

时，浮子会随之上下浮动，进而驱动测量机构产生电信号或机械位移，最终反映出水位的变化。浮子式水位传感器的优点有：设计直观，构造简单，易于维护；材料和技术门槛相对较低，制造成本较为经济；理论上可以覆盖从浅水区到深水区的广泛范围。但也存在一定的局限性，如受浮子材质、机械传动机构精度及环境因素（如水流波动、风力等）影响，

测量精度可能受到一定限制；机械部件的长时间运行可能产生磨损和松动，影响测量结果的稳定性和可靠性。此外，水中的杂质、水草等也可能对浮子造成干扰，虽然单次维护成本不高，但由于易受干扰和磨损，需要定期维护和校准，长期下来维护成本可能上升。浮子式水位传感器适用于对测量精度要求不是特别高，且经济条件相对有限的中小型水电站，特别是在水流相对平稳、环境干扰较小的水库或水渠中，其性价比优势更为明显。

2）压阻式水位传感器（如图 2-2 所示）以其独特的测量原理和显著的性能特点，成为了广泛应用的一种传感器类型。压阻式水位传感器是基于半导体材料的压阻效应原理设计而成。它利用扩散硅弹性元件上的半导体应变薄膜材料，在受到液体压力作用时，电阻率发生显著变化，进而将压力变化转换为电信号输出。这种传感器结构一般由高压腔、低

压腔、弹性硅膜片、硅杯等组成，当硅膜片两侧存在压力差时，膜片各处的电阻率会随之改变，通过预设的电桥结构输出与压力成正比的电压信号。压阻式水位传感器的特点有：一是能够达到毫米级的测量精度，非常适合需要高精度水位监测的场合；二是其测量量程可达 300m 以上，并且可以根据实际需求进行定制，满足不同场景的测量需求；三是由于半导体材料的敏感性和传感器的优化设计，压阻式水位传感器能够快速响应水位变化，提供实时准确的数据；四是相对于其他高精度水位传感器，压阻式水位传感器的制造成本较低，经济实惠；五是适用范围广，适用于地下水观测井、水源井、地热井、水池、渠道、水库、道路积水等多种监测场合。

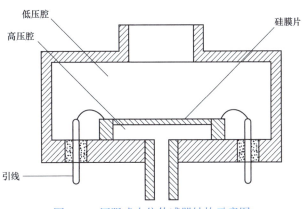

图 2-2 压阻式水位传感器结构示意图

3）超声波水位传感器是通过发射超声波并接收其回波来计算水位高度。传感器内部有一个超声波发射器和一个接收器，当发射器发出超声波时，超声波会在空气中传播并遇到水面后被反射回来，接收器接收到回波后计算其往返时间，并根据声速和时间的乘积计算出水位的高度。如图 2-3 所示超声波水位传感器具有这些优点：一是其不与水体直接接触，因此不会受到水质的腐蚀和污染影响；二是由于超声波的传播距离较远，因此可以实现对大范围水位的监测；三是结合先进的信号处理技术，超声波水位传感器能够实现高精度和实时性的水位测量。缺点则是：受温度、湿度、风速等环境因素影响较大，需要进行一定的补偿和校正以提高测量精度；同时由于需要采用高精度的超声波发射器和接收器以及复杂的信号处理电路，因此制造成本相对较高。超声波水位传感器适用于对测量精度和实时性要求较高，且经济条件允许的中小型水电站，特别适合应用在需要远程监测和自动控制的水位监测系统中，其非接触式测量的特点更具优势。

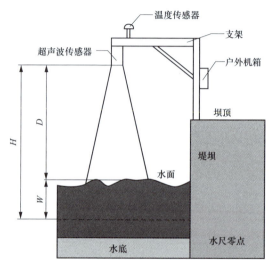

图 2-3 超声波水位传感器测量原理示意图
H—传感器高度；*D*—测量距离；*W*—代表水位

4）雷达式水位传感器利用雷达波束进行非接触式测量，通过发射高频电磁波并接收其从水面反射回来的回波，根据电磁波的传播时间和速度来计算水位高度。雷达波束具有较高的方向性和穿透性，能够准确测量复杂环境下的水位，包括波浪较大、水流湍急或存在漂浮物的情况；同时，雷达波束的传播距离远，适用于大型水库或远距离的水位监测；此外，雷达技术对于气候和环境因素（如雾、雨、雪等）的抗干扰能力较强，能够在恶劣天气条件下稳定工作。为了确保测量精度，雷达式水位传感器需要精确安装和定期校准，对安装和维护人员的技术水平要求较高。从适用场景来看，雷达式水位传感器特别适用于对测量精度有极高要求，且经济条件允许的大型水电站或需要远程、自动化监测的场合。在需要跨越长距离、复杂地形或恶劣气候条件下的水位监测项目中，雷达式水位传感器展现出独特的优势。

在选择适合中小型水电站的水位传感器时，需要综合考虑多个因素，包括测量精度、稳定性、成本、安装维护难度、环境适应性以及实际需求等。具体来说，一要明确水电站对水位监测的具体需求，包括测量范围、精度要求、实时性需求以及预算限制等；二要对水电站所在的水库、河道或引水渠进行环境评估，了解水质、水流速度、波浪情况、气候条件以及可能存在的干扰因素等；三要根据需求和环境评估结果，对比不同类型水位传感器的优缺点，选择最适合的技术方案；四要在考虑技术性能的同时，也要进行成本效益分析，确保所选方案在经济上可行；五要选择有良好信誉和丰富经验的供应商，确保产品质量和售后服务；六要按照供应商提供的指导进行安装和调试，确保水位传感器能够正常工作并满足测量要求；七要建立定期维护制度，对水位传感器进行定期检查和维护，确保其长期稳定运行。表 2-1 是各水位传感器的优缺点及适用场景。

表 2-1　　　　　　　　水位传感器对比表

传感器类型	优点	缺点	适用场景
浮子式水位传感器	设计直观，结构简单，易于维护；成本较低，适用于广泛的水深范围	测量精度受浮子材质和环境因素影响；需要定期维护与校准；测量精度相对较低	适用于水流平稳、环境干扰较小的中小型水电站，特别是水库或水渠

续表

传感器类型	优点	缺点	适用场景
压阻式水位传感器	高精度，毫米级测量精度；量程大，可定制；响应迅速，实时性好；经济实惠	需要安装在压力差较大的地方；可能受温度变化影响	适用于地下水观测、地热井、水池、水源井等要求高精度的场合
超声波水位传感器	非接触式测量；不受水质腐蚀影响；高精度，实时性好，适合大范围水位监测	受环境因素（如温度、湿度、风速）影响较大；制造成本较高	适用于大范围水位监测，尤其适合需要远程监控和自动化控制的中小型水电站
雷达式水位传感器	非接触式测量；抗干扰能力强，适用于恶劣天气条件；适用远距离监测	需要高技术安装和定期校准；制造成本较高，安装和维护要求较高	适用于大型水电站、远程监测或复杂地形和气候条件下的水位监测

（二）流量计

流量计用于测量水电站中水流的流量，是评估水能资源利用效率和计算发电量的重要依据。随着科技的进步，流量计的种类日益丰富，每种流量计都有其独特的测量原理、适用范围及优缺点。常见的流量计有电磁流量计、涡街流量计、超声波流量计等。

1）电磁流量计如图 2-4 所示基于法拉第电磁感应定律，即当导电液体流经磁场时，会在液体两侧产生感应电势，该电势与流体的流速成正比。通过测量感应电势，可以间接得到流体的体积流量。其优点是：测量精度高，误差可达 ±0.5%，适用于精度要求高的场合；不受流体温度、压力、密度、粘性等物理参数变化的影响，适用范围广；无机械运动部件，维护成本低，使用寿命长；可双向测量，适用于正反流向都需测量的场景。但也存在一些缺点，体现在：需要被测流体具有一定的导电性，对于非导电或导电性极差的液体（如纯水、气体）不适用；安装时对直管段有一定要求，以确保流体流动稳定。在水电站中，如果水流导电性良好且对测量精度有较高要求，电磁流量计是理想的选择，特别是用于主进水管道、尾水管道等大流量测量时，其稳定性和高精度能够确保发电量的准确计算。

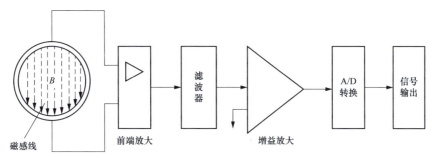

图 2-4　电磁流量计结构原理示意图

2）涡街流量计作为一种基于卡门涡街效应的流量测量仪表，其核心原理如图 2-5 所示是利用流体通过特定形状障碍物（如漩涡发生器，通常为一个圆柱体）时，在物体后方形成交替脱落的涡旋（卡门涡街）。这些涡旋的频率与流体的流速成正比，通过检测这些涡旋的频率，计算出流体的平均流速，进而求得流体的体积流量其结构如图 2-5 所示。旋涡分离频率（f）与管道内流体的流速（U）成正比，与流体通过测量管道的等效直径（d）成反比，具体关系由斯特劳哈尔数（St）确定，公式为：$f = St \times \dfrac{U}{d}$。斯特劳哈尔数（$St$）是一个无量纲参数，表示涡旋的频率与流体速度和管道直径之间的关系且与流体在靠近涡体的局部流速 U_l 无关，其值通过实验或经验公式确定。涡街流量计结构简单，安装维护方便；适用范围广，可用于多种流体，包括气体、蒸汽和部分液体；耐高压、耐高温，适用于恶劣工况。但是，涡街流量计测量精度会受流体物性（如密度、粘性）和流速范围影响较大，需校准。此外，在低流速或流体脉动较大时，测量精度可能下降。在水电站中，涡街流量计主要适用于辅助系统的流量测量，如冷却水系统和压缩空气系统，特别是在需要测量气体或蒸汽流量时表现出色。然而，在主水流测量中，由于其

19

精度限制和可能受流体物性变化的影响，涡街流量计可能不是首选。

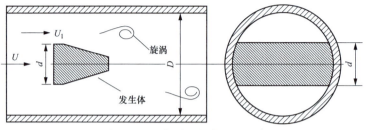

图 2-5 涡街流量计原理图

超声波流量计（如图 2-6 所示）是利用超声波在流体中顺流传播时间 t_{down} 和逆流传播时间 t_{up} 的差异来测量流量。超声波探头向流体中发射超声波脉冲，并接收回波信号，通过比较顺流和逆流时的传播时间差，计算出流体的流速，进而得到体积流量。图 2-6 中展示了时差式超声波流量计的基本原理：A 表示安装在管道一侧的超声波换能器，L 为超声波在管道内的对角线传播路径，ϕ 表示声束与管道中流体主流方向的夹角，U（或 U_1、U_2、U_3）表示管道内的流速矢量；当超声波分别顺流和逆流方向传播时，流体流速会影响其传播时间差，从而计算出流体的平均流速和体积流量。这种类型的流量计有诸多优点，包括：非接触式测量，不阻碍流体流动，适用于腐蚀性、脏污流体；安装方便，可在线测量，无需停机；可测量大管径、高流速流体，且对流体物性变化不敏感。缺点则是：测量精度受流体温度、声速变化及管道内杂质等因素影响，在高气泡含量或高固体颗粒含量流体中，测量效果可能不佳。超声波流量计适合用于水电站中需要非接触式测量或不易停机的场合，如大口径输水管道、含有少量杂质的水体等。然而，在需要极高测量精度的主水流监测中，可能需要结合其他技术手段进行校准。

在中小型水电站的数字化转型过程中，传感器的选型至关重要，需要根据具体的监测需求、环境条件和预算进行合理选择如表 2-2 所示。对于水位监测，浮子式水位传感器适用于水流平稳、环境干扰较小的场

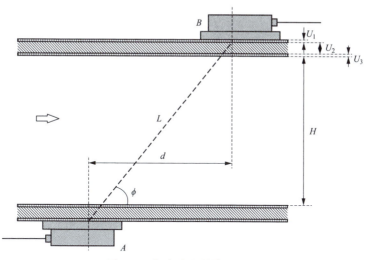

图 2-6 超声波流量计原理图

所，具有成本低、易维护的优势；而对于精度要求较高的应用，电磁流量计则是理想的选择，尤其在主进水管道等大流量测量场景中，能够提供高精度的测量结果。如果水电站需要测量气体或蒸汽流量，涡街流量计因其适应性强、耐高压高温的特性，适合用于冷却水系统或压缩空气系统。对于流体物性变化不大的水体，超声波流量计以其非接触式测量、安装方便的优点，适用于大口径输水管道或含有少量杂质的水体监测。综合考虑传感器的精度要求、环境因素、安装条件以及预算限制，水电站应选择最适合的传感器类型，以确保监测系统的高效性和可靠性。

表 2-2　　　　　　　　　　流量计传感器对比表

流量计类型	优点	缺点	适用场景
电磁流量计	高精度（±0.5%）；不受流体温度、压力、密度等物性变化影响；无机械部件，维护成本低；适用范围广，双向测量；稳定性好	仅适用于导电流体，非导电或导电性差的液体无法测量；安装要求较高	适用于主进水管道、尾水管道等大流量测量，特别是水流导电性良好的情况

续表

流量计类型	优点	缺点	适用场景
涡街流量计	结构简单，安装维护方便；耐高压、耐高温，适用于恶劣工况；可用于多种流体（气体、蒸汽、液体）	测量精度受流体物性（如密度、粘性）和流速范围影响；低流速和流体脉动下精度下降；需要校准	适用于冷却水系统、压缩空气系统，尤其适用于气体和蒸汽流量的测量
超声波流量计	非接触式测量，适用于腐蚀性、脏污流体；安装方便，可在线测量；对流体物性变化不敏感	精度受温度、声速变化及管道杂质影响；高气泡或固体颗粒流体测量不佳	适用于大口径输水管道、含少量杂质的水体等非接触式测量和在线测量场合

（三）振动传感器

振动传感器在水电站机组及辅助设备的安全监测与故障诊断中扮演着不可或缺的角色，它们是水电站稳定运行与高效维护的坚实后盾。这些传感器以其高灵敏度、实时性强的特点，能够精准捕捉并分析设备运行过程中产生的振动信号，从而揭示出设备内部的运行状态与潜在问题，为预防故障、保障安全提供了关键数据支持。在水电站中，常用的振动传感器主要包括加速度传感器、速度传感器和位移传感器三大类，它们各有千秋，共同构建起一个全面的振动监测网络。

1）加速度传感器作为应用最为广泛的振动传感器之一，其能够直接测量设备振动时的加速度变化。它们通常体积小、重量轻，易于安装至设备的关键部位，如轴承、转子等。通过监测加速度信号，可以分析出设备的振动频率、振幅等关键参数，进而判断设备的运行平稳性。此外，加速度传感器还能捕捉到高频振动信号，这对于早期发现设备中的微小故障尤为重要。

2）速度传感器则主要关注设备振动时的速度变化。它们通过测量振动体的位移随时间的变化率来反映振动强度。在水电站中，速度传感器常用于监测大型旋转机械的轴系振动，如水轮机转轮、发电机转子的不平衡振动等。通过对速度信号的连续监测，可以及时发现并预警潜在的振动超标问题，避免设备因长期振动而受损。

3）位移传感器则侧重于测量振动体相对于参考点的位置变化。在水电站中，位移传感器常用于监测设备的轴向位移、径向位移等，以评估设备的对中情况和结构稳定性。通过位移传感器的数据，可以分析出设备在运行过程中是否出现了过大的位移偏差，从而判断是否存在轴承磨损、基座松动等故障隐患。

振动传感器采集到的原始振动信号，需要经过一系列的信号处理技术，才能转化为有用的诊断信息，其各个振动传感器具体信息如表2-3所示。这些技术包括时域分析、频域分析、时频联合分析以及先进的信号处理方法如小波变换、希尔伯特黄变换等。

表2-3 振动传感器对比表

传感器类型	测量参数	主要应用	优点	缺点
加速度传感器	设备振动加速度的变化	监测设备振动频率、振幅，早期发现故障	体积小、重量轻、易于安装，能捕捉高频振动信号，适用于微小故障的早期诊断	可能对低频振动不敏感，难以精确判断低振幅故障
速度传感器	振动体的速度变化	监测大型旋转机械的振动，如水轮机转轮、发电机转子等	对振动强度反应敏感，可实时预警振动超标问题，适用于旋转设备	需要对较大范围的振动信号进行分析，可能在小幅度变化中不敏感
位移传感器	振动体的位移变化	监测设备的轴向位移、径向位移，评估对中情况和稳定性	能准确测量设备位移偏差，适用于检测轴承磨损、基座松动等故障隐患	对低频振动的响应较弱，且安装可能更为复杂

（四）温度传感器

在水电站中，设备与环境温度的精确监测是预防过热故障、评估热平衡状态、优化运行效率的关键环节。过热不仅会导致设备性能下降、寿命缩短，还可能引发严重的安全事故，如设备损坏、火灾等。因此，及时、准确地掌握温度变化对于水电站的安全生产至关重要。温度传感器正是这一任务的执行者，它们能够不间断地收集温度数据，并通过分析系统将这些数据转化为有价值的运行信息，为管理者提供决策依据。常见的温度传感器有热电偶、热电阻和集成温度传感器等。它们具有测量范围广、响应速度快、精度高等优点，能够满足水电站不同场景下的温度监测需求。

1）热电偶是一种基于热电效应的温度传感器，它利用两种不同金属的接触点在不同温度下产生电动势的原理来测量温度。如图 2-7 所示，热电偶的核心在于其独特的构造——由两种不同材质的导体 A 和 B 构成闭合回路。当这两个导体的结合点（即工作端或热端）与回路的另一端（冷端）处于不同温度时，由于两种金属的电子逸出功不同，导致在接触点处产生电荷转移，从而在回路中产生电流，形成温差电动势。这种由温度差异引起的电动势变化，正是热电偶测量温度的基础。热电偶具有测量范围广（从低温到高温均可覆盖）、结构简单、成本低廉等优点。在水电站中，热电偶因其上述优点常被用于高温环境下的温度监测，如蒸汽管道、汽轮机缸体等关键部位。其中，蒸汽管道是水电站中传递高温高压蒸汽的关键部件，其温度监测对于确保系统安全至关重要。热电偶能够准确测量蒸汽管道的温度，及时发现并预防过热现象；汽轮机是水电站中将蒸汽热能转化为机械能的重要设备，其缸体温度是评估设备运行状态的重要指标。热电偶安装在缸体上，实时监测温度变化，为运行维护提供数据支持；除了蒸汽管道和汽轮机缸体外，水电站中还有许多其他高温部件需要温度监测，如锅炉、加热器、热交换器等。热电偶凭借其广泛的测量范围和良好的性能，在这些场合也得到了广泛应用。

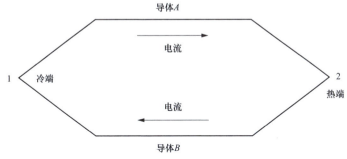

图 2-7　热电偶测温原理示意图

2）热电阻则是基于导体电阻随温度变化而变化的原理工作的。与热电偶相比，热电阻具有更高的测量精度和稳定性，尤其在低温区域表现更为出色。在水电站中，热电阻常被用于需要高精度温度测量的场合，如精密仪表、控制系统中的温度补偿等。

3）集成温度传感器是将温度敏感元件、信号处理电路以及必要的校准和补偿元件集成在同一芯片上，实现了高度的集成化和智能化。集成温度传感器不仅具有测量范围广、响应速度快、精度高等优点，还具备体积小、功耗低、易于与数字系统接口等特点。在水电站中，集成温度传感器广泛应用于各种自动化监测系统中，如发电机绕组温度监测、变压器油温监测等。

三种温度传感器对比分析见表 2-4。

表 2-4　　　　　　　　三种温度传感器对比分析

温度传感器类型	热电偶	热电阻	集成温度传感器
测量范围	宽（从低温到高温）	宽（但低温下表现更佳）	中等至宽（取决于具体型号）

续表

温度传感器类型	热电偶	热电阻	集成温度传感器
响应速度	快（通常毫秒级）	快（与热电偶相近）	快（取决于电路设计）
精度	中等到高（受材料、环境等因素影响）	高（特别是在低温区域）	高（可达到高精度要求）
成本	低廉	中等	中等到高（取决于集成度和功能）
结构复杂度	简单	简单	复杂（集成度高）
稳定性	良好（需冷端补偿）	优秀（长期稳定性好）	优秀（内置校准和补偿）
线性度	较好（需校准）	优秀（通常线性关系好）	优秀（可通过软件调整）
应用环境	高温、腐蚀性环境	宽范围，包括低温	广泛，适合自动化和数字化系统
维护难度	低（结构简单）	低（类似热电偶）	中等（可能涉及电路和软件）
水电站应用	蒸汽管道、汽轮机缸体等高温部位	精密仪表、控制系统温度补偿	发电机绕组、变压器油温等自动化监测

　　在水电站中，温度传感器广泛应用于各种设备和环境的温度监测中。它们被安装在发电机、变压器、水泵、冷却系统等关键部位，实时收集温度数据并传输至监控中心。监控中心能及时发现设备的异常情况并采取对应措施。此外，温度传感器还可以与自动控制系统相结合，实现温度超限报警、自动停机保护等功能，进一步提高水电站的安全性和可靠性。

　　随着技术进步与工艺改进，现在的传感器相较于以前的传感器拥有更高的精度、更稳定地运行，且配合高速新起的物联网技术，能够实时获得传感器采集的数据，减少水电站运营成本的同时保障水电站的持续稳定运行。

三、对数字化转型的意义

数据感知采集技术是水电站数字化转型的"数据基座"，其核心价值在于构建全域互联、高精度、高时效的数据神经系统。通过毫米级水位监测、千赫级振动采样与其他各种传感器，首次实现机组运行、环境参数、设备状态的毫秒级同步采集与标准化集成。这一技术体系破解了传统水电站数据碎片化难题，使水电站从"经验决策"转向"数据驱动"的智慧化运营模式。

第二节　数据传输处理存储技术

数字水电站的核心在于数据驱动的智能化运行，而数据从产生到应用的完整生命周期涉及传输、处理、存储三大环节。本章系统阐述数据的传输、处理以及存储这三大环节的关键技术。数据传输技术是水电站数字化转型的核心支撑，旨在实现设备、传感器与管理系统之间的高效、安全信息交互。在复杂的水电站环境中，数据传输需满足高实时性、强稳定性、低功耗等要求，以确保监测数据（如水位、流量、设备状态）能够从边缘端（传感器、无人机）快速传递至中心平台，支持实时分析与决策。传统的有线传输技术（如光纤、以太网）受限于部署成本与地理条件，而现代无线传输技术（如 5G、LoRa、NB-IoT）结合混合组网模式，成为水电站数据传输的主流解决方案。

一、数据传输技术

光纤通信具有传输速度快、容量大、抗干扰能力强等优点，可以确保数据传输的稳定性和安全性。在水电站内部，可以通过铺设光纤网络来实现各关键部位的数据传输。

工业以太网是基于 TCP/IP 协议实现设备互联，支持高精度同步控制，常用于水电站内部控制系统（如闸门、发电机组的指令传输）。

无线传输技术包括低功耗广域网（LPWAN）、5G 网络和卫星通信。

低功耗广域网的 LoRa 适用于偏远库区，传输距离可达 10～15km，功耗低，可支持地下或复杂地形中的传感器数据回传。

NB-IoT 基于蜂窝网络，覆盖范围广，穿透性强，适合实时传输水位、雨量等关键指标。

5G 网络提供超低时延（1ms 级）、高带宽（1Gbps 以上）及海量设备接入能力，支持无人机巡检视频流、激光雷达点云数据的实时回传。

卫星通信用于无地面网络覆盖的极端环境（如高山库区），通过卫星链路实现应急数据的全球传输。

混合组网技术是结合有线与无线传输优势，采用"光纤骨干＋无线边缘"的架构：核心区域通过光纤确保稳定性，复杂地形区域通过无线网络覆盖，实现全域数据无缝衔接。

水电站需根据业务需求（实时性、数据量、覆盖范围）选择传输技术。核心控制场景以光纤为主，边缘监测依赖 LPWAN，移动与高带宽需求引入 5G，极端环境辅以卫星通信，最终通过混合组网与边缘计算实现全域高效协同。主要通信技术选型对比如表 2-5 所示。

表 2-5　　　　　通信技术选型对比表

技术类型	带宽	时延	覆盖范围	典型功耗	适用场景
光纤通信	10Tbps	<1ms	80～100km	低	核心机组控制、高清监控
工业以太网	1～10Gbps	<1μs	100m	中	厂房内设备同步控制

技术类型	带宽	时延	覆盖范围	典型功耗	适用场景
LoRa	0.3～50kbps	1～2s	15km	极低	边坡传感器数据回传
NB-IoT	50～100kbps	1～10s	15km	低	移动式水位监测
5G	1～20Gbps	1～5ms	300m	高	无人机视频实时回传
卫星通信	100Mbps	20～500ms	全球	高	应急通信、偏远区域覆盖

二、数据处理技术

在数字化水电站中，数据处理是确保数据准确性、实时性和高效利用的关键环节。数据处理技术涵盖数据的清洗、计算和优化，使数据能够支撑水电站的智能化管理和运行优化。

数据清洗是数据处理的第一步，确保数据的质量，为后续计算和分析提供可靠的基础。数据去噪是指传感器采集的水文、电力、设备状态数据可能受到环境干扰，通过平滑滤波、均值滤波等技术去除噪声。异常监测是指利用统计分析或机器学习方法检测设备故障、突发异常等情况，避免错误数据影响决策。

缺失数据补全是指针对采集过程中丢失的数据，可以采用插值法、时间序列模型等方法进行补全，提高数据完整性。

数据标准化是指不同来源的数据格式可能不一致，通过单位换算、归一化处理，使数据结构统一，方便后续计算。

数据计算是数据价值释放的关键环节，决定了数据的可用性和实时性。

实时计算是指水电站运行过程中，设备状态、流量监测、电力负荷等数据需要秒级甚至毫秒级计算，采用流式计算框架实现实时分析。批量计算是指历史数据的分析用于优化调度策略和预测来水量，通常采用并行计算框架对海量数据进行批量处理。边缘计算是指部分数据处理任务可以在水电站本地完成，如设备状态监测、初步异常分析等，以降低传输压力，提高响应速度。数据融合是指将水文、气象、电力负荷等多种数据进行综合计算，提高预测和调度的精度。

由于水电站数据量大，数据优化和压缩技术可以减少存储成本，提高查询和计算效率。

数据压缩是指针对时序数据采用无损压缩技术，减少存储空间占用，同时保证数据查询的高效性。

智能索引采用分区存储、索引优化技术，加快数据查询和分析速度。

数据处理技术是数字化水电站智能化运行的基础，通过数据清洗保证数据质量，数据计算提升数据利用价值，数据优化降低存储和计算成本。高效的数据处理体系能够支撑水电站的实时监测、智能调度和设备预测性维护，提高整体运行效率和安全性。

三、数据存储技术

在数字化水电站中，数据存储是确保数据安全、可用性和高效访问的关键环节。水电站的数据来源广泛，包括水文监测、设备运行状态、电力负荷、视频监控等，数据类型涵盖结构化数据、时序数据和非结构化数据。因此，构建合理的数据存储体系对于提高数据管理效率至关重要。

结构化与时序数据存储。水电站的调度记录、设备参数、运行日志等数据具有结构化特点，通常采用关系型数据库或时序数据库进行存储，以支持高效的查询与分析。

关系型数据库用于存储调度信息、运维日志等需要事务处理的数据。时序数据库针对水文、电力等时序数据进行优化存储和快速查询，提高数据利用率。

非结构化数据存储。监控视频、图像检测、传感器日志等数据属于非结构化数据，需要采用对象存储或日志存储技术。

对象存储是支持大规模视频、图片数据的高效存储和管理。

日志存储用于存储设备状态变化、告警信息等，便于快速检索。

数据优化与存储管理。为了提升存储效率，水电站通常采用冷热数据分层存储、数据压缩和索引优化策略。

冷热分层存储是将实时数据存储在高性能介质中（如 SSD），历史数据归档至分布式存储或云存储，减少存储成本。数据压缩针对时序数据进行高效压缩，减少存储占用，提高查询性能。索引优化通过优化查询索引结构，加快数据检索速度，提高系统响应效率。

容灾备份策略。在中小型水电站数字化转型的进程中，数据作为核心资产，其安全性、完整性和可用性直接关系到水电站的运营效率和稳定性。随着信息技术的广泛应用，数据传输与储存过程中的数据备份与容灾恢复成为了保障数据安全的重要环节。

合理的数据存储体系能够确保水电站的数据安全、稳定存储，并支持高效的数据分析与应用。通过采用合适的数据库类型、优化存储策略，水电站能够更好地管理和利用海量数据，为智能化运营提供数据支撑。

四、对数字化转型的意义

数据传输处理存储技术是水电站数字化转型的底层支撑，其核心价值在于打通数据流动的全链路，构建全域互联的数字化神经系统。通过光纤通信与 5G 网络的混合组网，实现机组振动、水位监测、视频巡检等海量数据的实时同步传输，破解传统有线网络在复杂地形中的部署瓶颈。结合边缘计算与云端协同架构，将日均产生的 TB 级数据（如水文时序、设备日志）进行高效清洗、压缩与存储，使历史数据查询效率提升 20 倍。这一技术体系使水电站从"经验驱动"转向"数据驱动"，某案例中故障定位时间从 6.8h 压缩至 23min，非计划停机损失降低 94%。

该技术进一步推动水电站从单一发电主体向智慧能源节点转型。通过 LoRa/NB-IoT 对偏远区域传感器数据的广域覆盖，以及卫星通信的应急保障，构建了全地形感知网络，支撑流域级水电协同调度。数据湖中存储的水文、设备、环境等多维度信息，结合流式计算框架的实时分析能力，为碳足迹追溯、电力市场快速响应提供数据基座。存储系统的区块链存证与加密技术，确保运行数据在参与电网辅助服务、碳交易等新兴业务时的可信性，某电站通过数据衍生服务年增收超千万元，凸显数字化转型的增值潜力。

第三节　数据信息安全技术

一、信息系统组成

中小型水电站数字化系统结构图见图 2-8 所示，既采用计算机网络系统，也采用信息管理技术，统一管控中小型水电站各种各样的信息，再发布信息，是具备整体性的数据管理平台。信息系统由生产层、传输层以及管理层组成。构建数字化系统的整体目标在于采用现代管理观念及数字技术，建立矩阵式管理平台，运用 PDCA 闭环管理模式，转变管理方法，不断完善数据管理流程，减少能耗，增加水电站运营效益，节约成本。

（一）管理层

本层的基础为网络，依靠传输层内的服务器使设备与生产层内的服务器相衔接，并衔接外网内的设备。管理层包括监控计算机与系统服务器，还有调度员站、移动终端与 Web 服务器等，在通信前提下计算机收集研究水电站多种运营信息，通过计算与统计后仔细处理。智能管理系统设备能够实现数字化管理和精准的故障判断、自动辅助决策，并且集成控制信息平台，使数据资料基于信息接口、调度与终端等完成实时通信和远程信息交换。

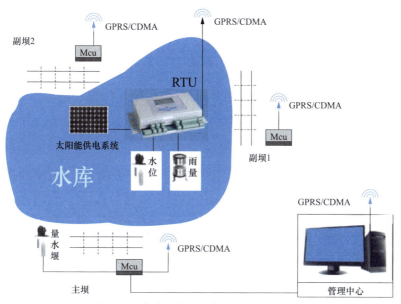

图 2-8　中小型水电站数字化系统结构图

（二）传输层

一般是负责交换数据。传输层包含通信及线缆，完成信息传输与路由管理，基于通信协议，及时交换数据与智能识别数据。传输层既包含水电站中每种设备间的通信，也有监控设施间的通信等。传输层将有线通信和无线通信相统一，使系统布线更加便捷，极易收集信息。发电期间的励磁和调速，设备运转及管理，以及核心辅机与主控室机械均依靠光缆通信。

（三）生产层

一般是面向生产，其基础为网络，生产机械间的衔接包括通用网络设施与微机衔接、作业站与服务器衔接。自控机械在信息总线影响下能够和智能仪器以及I/O等相连接。完善的智能化管理系统通过管理层与生产层相融合，并依靠传感及执行元件完成信息收集、研究与处理，其中，信息收集包含电压及电流数据、功率参数、声像数据，以及气温、雨量、压力、油压等。

二、信息安全技术

基于信息系统"生产—传输—管理"三层架构，部署纵深防护策略。

生产层：采用工业协议白名单机制（Modbus/TCP 深度解析），限制非授权设备接入；嵌入式安全模块（ESM）对传感器数据实施 AES-256 端到端加密，防止油压、水位等核心参数泄露。

传输层：过防火墙策略隔离 SCADA 网络与办公网，部署流量镜像分析系统（DPI 技术）实时检测异常通信；无线链路采用 LoRaWAN 动态密钥更新（每 48 小时轮换），卫星通信启用 IPSec VPN 隧道。

管理层：引入零信任架构（ZTA），基于 RBAC 模型实现用户权限动态调整（如调度员仅可访问所属电站数据），操作日志采用区块链存证（Hyperledger Fabric）确保审计不可篡改。

三、对数字化转型的意义

数据信息安全技术是水电站数字化转型的"免疫系统"，其核心价值在于构建可信、可控的数字化运行环境，为业务模式创新提供安全基座。通过生产层协议白名单、传输层动态加密与管理层零信任架构的协同防护，彻底消除传统分散式安全管理的盲区，保障机组控制指令、水位监测数据的完整性与机密性。某流域级水电站的实践表明，纵深防御体系使网络攻击识别率提升至 98%，调度指令误码率降低 3 个数量级，支撑 AGC/AVC 系统连续稳定运行超 10^6h。这种全链路安全能力的跃升，使水电站从"被动防御"转向"主动免疫"，为数字孪生、智能调度等创新应用提供可信数据源。

该技术进一步推动水电行业融入新型电力系统生态。基于区块链的碳监测存证与量子加密传输技术，确保水电参与电力市场交易、碳配额核算等新兴业务时数据的法律效力与抗抵赖性。某电站通过安全开放接口向电网提供调频响应可信证明，年增辅助服务收益超千万元。信息安全体系不仅降低了勒索软件、数据篡改等风险，更通过构建数字信任纽带，使水电从封闭的能源生产单元升级为开放的能源服务节点，支撑多能协同与绿电交易的市场化转型。

第四节　数字孪生技术

数字孪生技术是一种先进的信息技术手段，通过建立实体物体的数字化、虚拟化镜像，实现对实际对象或系统的实时仿真和模拟。这一概念源于对物理实体与数字虚拟的相互关系的理解，旨在创造一个数字化的"孪生体"来反映实际对象的状态、行为和性能。数字孪生技术通过整合传感器数据、实时监测信息以及大数据分析，构建起与实际对象相对应的虚拟模型，使其能够准确地模拟实体的各种运行情境。

一、技术原理与体系架构

数字孪生技术通过"虚实映射—动态优化—闭环控制"的完整链条，构建水电站全要素数字化镜像，其技术架构可分为三个核心层级物理感知层、模型构建层、智能应用层。

（一）物理感知层

通过高精度传感器集群与异构网络融合，实现物理世界到数字空间的精准映射。传感器节点采集设备振动、水位、温度等关键参数，结合多协议通信技术（如 TSN、LoRaWAN）实现数据高效传输，边缘计算节点对原始数据进行预处理，为上层模型提供标准化输入。

多源数据采集：部署 5G 振动传感器、激光水位计、红外热成像仪等智能终端，实现机组摆度、轴承温度、库区流速等 200 ＋ 参数的毫秒级捕获。

异构网络融合：采用"光纤＋5G＋LoRa"混合组网，核心设备控制指令通过 TSN 网络传输，野外监测点通过太阳能 LoRa 节点回传数据。

边缘预处理：在闸门控制柜、机组 PLC 等位置部署边缘计算盒子，就地完成 80% 振动信号的特征提取，日均减少云端传输数据量。

（二）模型构建层

基于 BIM、流体力学仿真与机器学习技术，建立设备级、系统级和业务级的三层数字孪生模型。通过历史数据训练与实时数据迭代优化，使虚拟模型动态贴合物理实体行为，实现"模型即资产"的数字化表达。

设备级建模：基于 BIM 技术构建水轮机三维参数化模型，集成材料疲劳曲线、历史维修记录等数据，支撑转轮裂纹扩展仿真。

系统级仿真：构建水库—引水系统—厂房耦合模型，通过机器学习校准曼宁系数等水力参数，使洪峰流量预测精度从 75% 提升至 92%。

业务级映射：开发防汛调度、电力交易等业务场景的数字工作台，支持调度员在虚拟环境中测试极端工况，生成最优决策方案。

（三）智能应用层

依托数字孪生体的实时仿真能力，构建"监测—分析—决策—执行"闭环链路。通过机器学习算法挖掘数据价值，驱动设备健康预测、调度优化等场景落地，形成可量化的经济效益。预测性维护：通过振动频谱特征库与 LSTM 预测模型，提前 7 天识别推力轴承异常磨损风险。

动态优化调度：耦合气象预报数据与电力市场实时电价，构建多目标优化算法，使水库调度经济性提升 15%～20%。

虚拟调试验证：新机组投运前在数字孪生体进行 5000 ＋ 次启停试验，缩短现场调试周期 40%，降低试错成本 60%。

二、对数字化转型的意义

数字孪生技术通过"物理实体—虚拟模型—业务系统"的三层联动架构，为水电站构建了全要素的数字化镜像，推动运维管理模式从被动响应向主动预防跃迁。基于振动传感器与激光水位计的全域感知网络，结合三维 BIM 模型的精准映射能力，实现了转轮裂纹、轴承磨损等隐患的毫米级识别，某电站通过历史数据与实时仿真的动态校准，将设备故障预测准确率提升至 93%，非计划停机时长缩减 82%。模型驱动的虚拟调试功能使新机组投运前的启停测试效率提升 5 倍，缩短现场调试周期 40%，同时支撑百年一遇洪水调度方案的实时推演，溃坝风险评估响应速度从 72h 压缩至 2h，凸显技术对安全管控的重构价值。

该技术进一步打通数据价值化通道，激活水电参与新型电力系统的深层潜力。通过耦合电力市场实时电价与径流预测模型，动态优化算法使电站调峰收益日均提升 23%，辅助服务收入占比从 5% 增至 18%。数字孪生体与碳交易平台的接口开放，支撑水电碳足迹的秒级核证，更推动水电从单一发电单元升级为电网灵活性资源的核心供给者，在电力现货交易、虚拟电厂等新兴领域年均创收超千万，全面释放数字化转型的乘数效应。

第五节 声 学 监 测 技 术

声学监测技术是一种利用声学传感器和相关数据处理方法，对水电站中的设备和工艺进行实时监测、状态诊断和预测的技术。通过采集和分析水电站中各种设备产生的声学信号，如振动、噪声和声谱等，声学监测技术可以实现对设备运行状态的全面监测和评估。这项技术的应用范围广泛，不仅包括中小型水电站的发电设备，还包括水轮机、发电机组、水泵等各种机电设备，以及水库、水流等相关工艺参数的监测。

一、声学传感器技术的基本概述

声学传感器是用于捕捉声学信号的设备，根据其工作原理和应用场景的不同，可以分为多种类型。其中，常见的声学传感器包括：①声压传感器。通过测量声波的压力变化来捕获声学信号。工作原理是将声波压力转换为电信号，通常采用压电效应或电容效应实现。②加速度传感器。用于监测设备振动。工作原理是通过检测物体的加速度变化来获取振动信号，并将其转换为电信号输出。③声速传感器。测量声波在介质中的传播速度，通常用于测量流体流速和声速场。工作原理是通过测量声波的传播时间和距离来计算声速。④声强度传感器：用于测量声波的强度和能量。工作原理是通过测量声波的压力变化和传播方向来计算声波的强度。

二、设备状态监测与故障诊断

（一）设备状态监测指标

设备状态监测指标是评估中小型水电站设备运行状态的关键参数，通过监测这些指标可以实现对设备运行状况的全面评估和实时监测。这些指标包括振动特征、声学特征、温度特征等。振动特征是通过监测设备的振动参数来评估设备的机械状况和运行稳定性，其中包括振动幅值、频率、加速度等。声学特征则利用声学信号的特征参数，如声压级、频谱分布、噪声特性等，来反映设备的运行状态和声学特征，有助于检测设备的异常声音和故障情况。温度特征则通过监测设备的温度变化情况来评估设备的热力学状态，包括设备表面温度、内部温度变化等。这些设备状态监测指标的综合分析和监测可以帮助运维人员及时发现设备的异常情况，提高设备的运行效率和可靠性，减少因设备故障导致的停机时间和发电损失。

（二）故障特征识别

故障特征识别是在声学监测中的关键环节，旨在从监测到的声学信号中识别出可能存在的设备故障特征，以及与正常运行状态有所不同的异常特征。这需要对设备的声学信号进行深入分析和比较，从中提取出故障所特有的声学特征。常见的故障特征包括频率异常、振动幅值变化、声谱形状异常等。频率异常指的是在设备正常运行状态下不存在的频率成分出现，可能表明设备出现了某种故障模式或损坏情况。振动幅值变化通常反映了设备的振动特征发生了变化，可能是由于零部件磨损、松动或不平衡等引起的故障。声谱形状异常则可能表明设备产生了不寻常的声音或共振现象，可能是由于叶轮损伤、轴承故障等引起的故障。通过识别这些故障特征，可以及早发现设备的异常情况，并采取相应的维修措施，以避免进一步的损坏和停机时间。因此，故障特征识别在声学监测中扮演着至关重要的角色，有助于提高设备的可靠性和运行效率。

（三）故障诊断与预测方法

故障诊断与预测方法是声学监测中的关键环节，旨在通过对监测到的声学信号进行深度分析和综合评估，识别设备可能存在的故障并预测故障发展趋势。在故障诊断方面，常用的方法包括基于规则的专家系统、基于模型的故障诊断和基于数据驱动的机器学习方法。基于规则的专家系统依赖于人工定义的规则库，根据声学信号的特征和故障模式进行匹配识别，但受限于规则的准确性和完备性。基于模型的故障诊断则利用数学模型描述设备运行特性和故障模式，通过对声学信号进行模型匹配和比对，识别出可能存在的故障。而基于数据驱动的机器学习方法则通过对大量历史数据进行训练和学习，构建故障诊断模型，并利用监测到的声学信号进行模型验证和预测，实现对设备故障的自动诊断和预测。在故障预测方面，常用的方法包括基于统计模型的趋势分析、基于物理模型的状态估计和基于机器学习的预测模型。这些方法可以通过监测设备运行状态的变化趋势，预测设备可能出现的故障模式和未来故障发展趋势，为运维人员提供及时的预警和维修指导，降低故障造成的停机时间延长和发电损失。

三、对数字化转型的意义

声学监测技术通过捕捉设备运行中的振动、噪声等声学特征，为水电站构建了非侵入式、高灵敏度的设备健康感知体系。基于声压传感器与加速度传感器的全域部署，结合振动幅值、频谱分布等参数的实时分析，水电站可精准识别水轮机空化、轴承磨损等早期故障。某案例中，通过声学特征的异常频率检测（如 0.5kHz～2kHz 范围突增），运维团队提前 7 天发现发电机转子不平衡问题，避免机组非计划停机，挽回发电损失超 200 万元 / 年。传统依赖人工巡检的故障识别耗时从数小时压缩至分钟级，维护效率提升 5 倍以上，运维成本降低 30%。

该技术进一步打通了数据驱动的主动运维链路，推动水电站向智能化管理升级。通过机器学习模型对历史声学数据的训练，系统可自动分类故障类型（准确率＞90%），并预测剩余寿命趋势（误差＜8%）。声学数据的积累还为设备全生命周期管理提供决策依据，支撑备件库存优化（库存周转率提升 2 倍）、检修计划定制（资源分配效率提高 40%），全面释放数字化转型的降本增效潜力。

第六节　流域来水预测技术

一、概述

在中小型水电站数字化转型的征途中，流域来水预测技术无疑扮演着至关重要的角色。这项技术根植于水资源学、气象学、水文学与计算机科学等多元学科的深厚土壤，通过跨学科的知识融合与技术创新，为水电站运营管理提供了前所未有的精准度与前瞻性。

流域来水预测技术的核心在于其数据驱动的预测机制。它首先依赖于对流域内各类水文、气象数据的广泛收集与深入分析。这些数据包括历史降水记录、河流流量监测、土壤湿度监测、卫星遥感图像等，它们共同构成了预测模型的基础输入。随后，借助先进的计算机技术与算法，这些数据被转化为数学模型中的参数与变量，通过模型模拟与数值计算，对流域内未来特定时期内的降水、径流等关键水文要素进行动态预测。这一过程不仅要求对数据的高精度处理与高效利用，更需要对复杂水文过程的深刻理解与准确把握。流域内的降水、蒸发、入渗、产流、汇流等各个环节相互关联、相互影响，构成了一个高度复杂的系统。流域来水预测技术正是通过对这一系统的深入剖析与建模，实现了对流域水文动态的精准预测。

在实际应用中，流域来水预测技术为水电站的水量调度提供了科学依据。通过提前预知未来流域内的来水情况，水电站可以更加合理地安排发电计划，优化水资源的配置与利用。同时，在防洪减灾方面，该技术也发挥了重要作用。通过对流域内洪水过程的模拟与预测，水电站可以提前做好防范措施，降低洪水灾害的风险与损失。

二、相关技术与方法

（一）遥感技术

遥感技术是一种非接触式的远距离探测技术，它通过卫星、飞机等搭载的传感器，对地表物体进行电磁波辐射或反射特性的测量，从而获取地表信息。在流域来水预测中，遥感技术能够实时监测流域内的降水、植被覆盖、土壤湿度等关键水文气象要素，为预测模型提供高精度、广覆盖的数据支持。

遥感技术通过搭载在卫星或飞机上的降水雷达、微波辐射计等传感器，可以实时监测降水发生的时间、强度、空间分布等信息。这些信息经过处理后，可以生成高分辨率的降水分布图，为流域来水预测提供重要依据。

植被覆盖状况与流域内的蒸散发、土壤水分等密切相关，是影响流域来水的重要因素之一。遥感技术可以通过不同波段的传感器获取植被的光谱信息，进而分析植被覆盖度、植被类型等参数。这些信息有助于了解流域内的水文循环过程，提高流域来水预测的精度。土壤湿度是反映流域内土壤蓄水能力和地下水位的重要指标。遥感技术可以通过微波遥感等手段，穿透植被和地表覆盖物，直接测量土壤表层的湿度信息。同时，结合地表温度、植被覆盖度等参数，还可以进一步估算土壤深层的湿度状况。这些信息对于预测流域内的径流产生和地下水位变化具有重要意义。水体监测是遥感技术在流域来水预测中的另一个重要应用方向。通过卫星遥感图像，可以直观地观测到流域内的湖泊、河流等水体的面积、形状、水位等变化信息。这些信息不仅有助于了解流域内的水文状况，还可以为洪水预警和水资源管理提供重要支持。

遥感技术具有覆盖范围广、监测频率高的特点，能够实现对流域内水文气象要素的实时、连续监测。这对于提高流域来水预测的时效性和准确性具有重要意义。同时，遥感技术能够提供多源、多尺度的数据支持，包括降水、植被、土壤、水体等多个方面的信息。这些数据经过处理后，可以生成高精度的流域水文模型输入参数，提高预测模型的精度和可靠性。此外，遥感技术具有非接触式的特点，可以在不干扰地表环境的情况下进行监测。同时，随着卫星技术的不断发展，遥感数据的获取成本逐渐降低，使得该技术更加适用于中小型水电站的数字化转型需求。

（二）数值天气预报技术

数值天气预报技术（Numerical Weather Prediction, NWP）是基于大气动力学和热力学原理，利用高性能计算机对大气运动方程组进行数值求解，以预测未来一定时段内天气状况的方法。数值天气预报技术作为流域来水预测中的核心技术之一，对于中小型水电站的数字化转型具有重要意义。该技术通过收集全球范围内的气象观测数据，结合数值模型进行模拟计算，得出未来天气变化的预测结果。在流域来水预测中，数值天气预报技术主要用于预测流域内的降水、气温等关键气象要素，为流域水资源的合理配置和水电站的调度运行提供科学依据。

数值天气预报技术通过模拟大气中的水汽输送、云团发展等过程，可以较为准确地预测未来一段时间内的降水情况。这些预测结果可以为水电站提供预警信息，帮助水电站提前做好蓄水、放水等调度措施，确保电力供应的稳定性和安全性。

气温变化对流域内的蒸发、下渗等水文过程具有重要影响。数值天气预报技术可以预测未来一段时间内的气温变化趋势，为流域来水预测中的蒸发量计算、土壤湿度变化等提供重要参数。通过综合考虑气温、降水等因素，可以更加准确地估算流域内的来水量，为水电站的运行管理提供有力支持。

数值天气预报技术具有多尺度预测能力，可以从大尺度到小尺度全面模拟大气运动状态。在流域来水预测中，这种多尺度预测能力有助于捕捉不同尺度天气系统对流域来水的影响。例如，大尺度天气系统（如季风、台风等）可以带来大范围的降水，而小尺度天气系统（如局地暴雨、雷暴等）则可能对流域内的局部地区产生较大影响。通过数值天气预报技术，可以更加全面地了解流域内的天气变化情况，为水电站提供更加精准的预测服务。

在技术优势方面，数值天气预报技术采用先进的数学模型和大规模计算技术，能够实现对大气运动状态的精确模拟和预测。相比传统的天气预报方法，数值天气预报技术具有更高的预测精度和可靠性。同时，随着计算技术的不断发展，数值天气预报技术的计算速度和效率不断提高。现代数值天气预报系统可以在较短时间内完成大规模计算任务，并快速生成预测结果。这为流域来水预测提供了实时、快速的数据支持，有助于水电站及时做出调度决策。此外，数值天气预报技术能够融合多种来源的气象观测数据（如卫星遥感数据、雷达观测数据、地面观测数据等），形成全面、准确的气象数据集。这些数据集为数值模型的模拟计算提供了丰富的输入信息，有助于提高预测结果的准确性和可靠性。

（三）ARIMA 预测模型

差分整合移动平均自回归模型（Auto Regressive Integrated Moving Average，ARIMA）作为一种经典且强大的时间序列分析预测模型，在流域来水预测领域发挥着重要作用。ARIMA 模型是时间序列预测分析中的一种重要方法。它由自回归（AR）、差分（I）和移动平均（MA）三部分组成，通过综合考虑历史数据、趋势、季节性和随机性等因素，对时间序列的未来值进行预测。ARIMA 模型具有灵活性高、预测精度好等优点，被广泛应用于金融、经济、气象等多个领域。

AR（Auto Regressive）模型，即自回归模型，是时间序列分析中的一种重要方法。在 AR 模型中，时间序列的当前值被假定为是其过去值的线性函数，并可能包含一个常数项和一个随机误差项。这种模型特别适用于那些当前值主要受历史值影响的时间序列。p 阶自回归模型 AR(p) 的公式定义为：

$$y_t = \delta + \sum_{i=1}^{p} \gamma_i y_{t-1} + \mu_t \qquad (2-1)$$

式中，y_t 为时间序列在时刻 t 的观测值；δ 是常数项（也称为截距项），在某些情况下可能不存在（即 $\delta=0$）；γ_i 是自回归系数，表示时间序列过去值对当前值的影响程度。这些系数是通过模型拟合过程（如最小二乘法）估计得到的；p 是自回归的阶数，表示模型中使用多少个过去的时间点来预测当前值。阶数的选择通常基于数据的统计特性和模型的诊断结果；μ_t 是误差项（也称为白噪声），代表时间序列中不可由模型解释的部分。在理想情况下，这些误差项是独立同分布的，均值为 0，方差为常数。

在时间序列分析中，单整阶数是一个重要的概念，通常用字母 I 来表示。它指的是为了使一个非平稳时间序列变得平稳，所需进行的差分次数。具体来说，如果一个时间序列经过 d 次差分后变得平稳，那么该时间序列就被称为 d 阶单整的。在建立 ARIMA 模型之前，需要对时间序列进行平稳性检验。平稳性是指时间序列的统计特性（如均值、方差等）不随时间变化而变化。如果时间序列是非平稳的，那么就需要通过差分等方法将其转化为平稳序列，以满足 ARIMA 模型建模的要求。在实际应用中，选择合适的差分阶数 d 是非常重要的。差分阶数过多或过少都可能导致模型效果不佳。通常，可以通过观察时间序列的图形、计算自相关函数（ACF）和偏自相关函数（PACF）等方法来确定差分阶数。此外，还可以使用统计检验（如 ADF 检验）来验证差分后的序列是否平稳。

移动平均模型（Moving Average Model, MA）是时间序列分析中的一种重要模型，它主要关注于时间序列中的随机误差项的累加，以此来描述时间序列的当前值如何受过去随机误差项的影响。当时间序列的当前取值主要只受外界干扰因素（即随机误差）影响时，移动平均模型特别适用。q 阶移动平均过程 MA(q) 的公式定义如下：

$$y_t = \delta + \mu_t + \sum_{i=1}^{a} \theta_i \mu_{t-1} \qquad (2\text{-}2)$$

式中，y_t 为时间序列在时刻 t 的观测值；δ 为常数项，表示时间序列的平均水平或趋势；μ_t 为误差项，是时间序列中不可预测的部分，通常假设它们是独立同分布的，均值为 0，方差为常数；θ_i 为移动平均系数，它们描述了过去误差项对当前值的影响程度；a 为移动平均的阶数，表示模型中考虑的过去误差项的数量。

概括来说，在时间序列分析中，可以证明移动平均模型在任何情况下都是平稳的，这是因为 MA 模型仅涉及误差项的线性组合，而这些误差项（通常假设为白噪声）是独立同分布的，具有恒定的均值和方差。因此，MA 模型生成的时间序列的均值、方差和自协方差都不会随时间变化，从而满足平稳性的定义。然而，自回归移动平均（ARMA）模型则不具备这种普遍的平稳性特征。ARMA 模型包含了自回归部分（AR），该部分依赖于过去的时间序列值。如果自回归系数不满足特定的稳定性条件（即特征多项式的根全部在单位圆内），则 ARMA 模型生成的时间序列可能是非平稳的。这种非平稳性可能表现为趋势、季节性或周期性等特征。因此，在使用 ARMA 模型之前，通常需要对输入的时间序列进行平稳性检验。如果发现时间序列是非平稳的，就需要进行差分处理或其他形式的转换，以消除非平稳性。差分处理是最常用的方法之一，它通过计算时间序列相邻观测值之间的差异来生成一个新的平稳时间序列。经过差分处理后的时间序列可以使用 ARMA 模型进行建模，这种结合了差分处理的 ARMA 模型就是差分自回归移动平均（ARIMA）模型。

将 ARIMA 预测模型用于流域来水时间序列进行预测，一般来说，大致分为三步，分别是序列的平稳化、模型识别和模型检验，具体流程见图 2-9 所示。

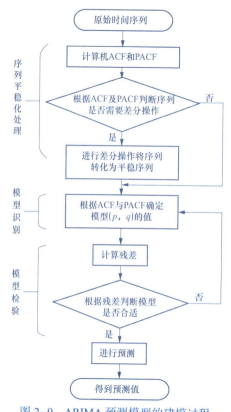

图 2-9 ARIMA 预测模型的建模过程

（四）SVM 预测模型

支持向量机（SVM）作为一种基于统计学习理论的机器学习算法，以其出色的泛化能力和处理非线性问题的能力，在流域来水预测中得到了广泛的应用。SVM 最早由 Vapnik 等人提出，是一种监督学习的方法，主要用于分类和回归问题。其核心思想是通过寻找一个最优的超平面，使得两类数据点在该超平面两侧的距离最大化（即最大化间隔），以此来实现数据的分类或回归。在回归问题中，SVM 扩展为支持向量回归（SVR），通过允许预测值与实际值之间存在一定误差（即 $\varepsilon-$ 不敏感损失函数），来寻找一个最优的超平面，使得所有训练样本点到该超平面的距离最小。

流域来水预测是一个典型的非线性时间序列预测问题。由于流域内降水、蒸发、下渗等多种因素的复杂交互作用，使得来水量呈现出高度的非线性和不确定性。因此，传统的线性预测模型难以准确描述这种复杂关系。而 SVM 模型凭借其强大的非线性处理能力和良好的泛化能力，成为解决这一问题的有力工具。

在应用 SVM 进行流域来水预测之前，首先需要对原始数据进行预处理。这包括数据的清洗（去除异常值、缺失值等）、归一化（将数据缩放到同一量纲）以及特征选择（选取对来水影响较大的因子作为输入特征）等步骤。此外，由于 SVM 在处理高维数据时可能存在性能下降的问题，因此还需要通过降维技术（如主成分分析 PCA）来降低数据的维度。在数据预处理完成后，接下来是构建 SVM 预测模型。这包括选择核函数（如线性核、多项式核、RBF 核等）、设置惩罚系数 C 和不敏感损失函数的参数 ε 等。核函数的选择对模型的性能有重要影响，不同的核函数适用于不同的数据分布特性。惩罚系数 C 用于平衡模型的复杂度和训练误差，ε 则定义了预测误差的容忍范围。接着，使用历史来水数据作为训练集，对 SVM 模型进行训练。在训练过程中，通过交叉验证等方法来评估模型的性能，并调整参数以优化模型。交叉验证可以有效避免过拟合和欠拟合现象的发生，提高模型的泛化能力。训练完成后，使用训练好的 SVM 模型对未来的来水量进行预测。预测结果可以通过与实际观测值进行比较来评估模型的准确性。常用的评估指标包括均方误差（MSE）、均方根误差（RMSE）、平均绝对误差（MAE）等。

在实际应用中，可以运用 SVM 模型对流域的来水时间序列进行预测，具体流程可见图 2-10 所示。

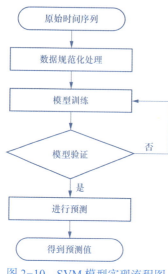

图 2-10　SVM 模型实现流程图

（五）LSTM 预测模型

LSTM（长短期记忆网络）预测模型作为一种先进的深度学习技术，特别适用于处理时间序列数据，因此在流域来水预测中得到了广泛应用。具体来说，首先，LSTM 通过其独特的记忆单元和门控机制（输入门、遗忘门、输出门），能够有效地捕捉时间序列数据中的长期依赖关系。这对于流域来水预测尤为关键，因为水资源的变化往往受到历史气候、水文条件以及地质结构等多种长期因素的共同影响。其次，LSTM 作为非线性模型，能够自动学习和适应复杂的非线性关系，这使得它在处理流域来水这一高度非线性的时间序列数据时具有显著优势。再者，通过调整网络结构和参数，LSTM 可以有效避免过拟合问题，提高模型的泛化能力。这对于实际应用中的模型部署和长期运行至关重要。最后，LSTM 模型可以与其他机器学习算法或深度学习模型相结合，形成更复杂的混合模型，以进一步提升预测精度和鲁棒性。

传统 RNN 的结构非常简单，它通过在每个时间步上共享相同的参数（权重和偏置），并引入循环连接来允许信息的持久化存储（图 2-11）。然而，由于 RNN 在训练过程中容易遇到梯度消失或梯度爆炸的问题，特别是在处理长序列时，这限制了其捕捉长期依赖关系的能力。而 LSTM 通过引入记忆单元和三个门结构来解决 RNN 的这些问题。这些结构使得 LSTM 能够更有效地管理信息流，从而能够学习并保留长期依赖关系（图 2-12）。

LSTM 的核心特性体现在其独特的记忆单元设计上，这一设计通过一条贯穿整个单元的水平线来实现长期依赖信息的有效传递。这条水平

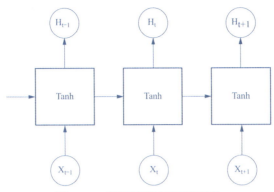

图 2-11　传统循环神经网络结构

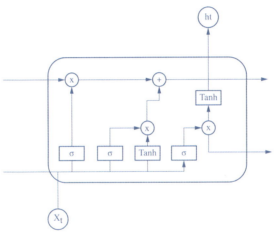

图 2-12　LSTM 结构

线确保了信息在传递过程中仅经历少量的线性变换，从而保持了历史信息的稳定性和持久性。这个负责记忆长期依赖的关键结构称之为记忆单元。除了记忆单元之外，LSTM 还引入了三个精心设计的门机制来调控信息的流动：输入门、输出门和遗忘门。这些门通过动态地调整其开放程度，控制着信息何时进入记忆单元、何时从记忆单元中输出，以及何时遗忘记忆单元中的旧信息。具体来说，它们并不直接判断网络状态是否达到某个阈值，而是通过 sigmoid 函数输出的值（介于 0 和 1 之间）来间接控制信息的通过量。在 LSTM 的运作过程中，输入门负责筛选哪些新信息应该被加入到记忆单元中；遗忘门则决定记忆单元中哪些旧信息应该被保留或遗忘；而输出门则控制着记忆单元中的信息如何影响当前时间步的输出。这三个门与记忆单元紧密协作，共同赋予了 LSTM 模型读取、保存和更新长距离历史信息的能力。此外，值得注意的是，虽然门控机制在处理信息时可能会使用 tanh 函数对输入进行非线性变换，但这并不是为了判断某个阈值是否达到，而是为了引入非线性因素，增强模型的表达能力。实际上，门控机制通过 sigmoid 函数输出的值来控制信息的通过量，而 tanh 函数则用于生成候选记忆单元状态或调整记忆单元状态以产生输出。总的来说，LSTM 通过其独特的记忆单元和门控机制设计，有效地解决了传统 RNN 在处理长序列时面临的梯度消失或梯度爆炸问题，从而能够捕捉并利用时间序列数据中的长期依赖关系。

在实际运用中，LSTM 模型训练步骤如下。

（1）数据预处理。将原始时间序列数据转换为适合模型训练的格式，通常包括归一化或标准化步骤，以减少不同特征之间的尺度差异，提高模型训练效率和精度。由于原始输入数据过大或过小会对模型训练效果产生较大影响，因此需要对模型处理的数据都是归一化后的数据，即对原始时间序列进行放缩，常用的方法是将原始数据等比放缩至 [−1, 1] 范围，通常归一化公式为：

$$y = \left(y_{\max} - y_{\min}\right) \times \frac{x - x_{\min}}{x_{\max} - x_{\min}} + y_{\min} \tag{2-3}$$

式中，x、y 分别表示待归一化的原始数据和归一化后的转化数据，$(x_{\min}, x_{\max})$ 是原始数据的范围，$(y_{\min}, y_{\max})$ 是目标范围在 [−1, 1] 内。

（2）LSTM 模型初始化。在 Keras 等深度学习框架中设置 LSTM 模型的架构和参数，包括隐藏层数量、每层神经元数、激活函数、优化器、损失函数等。使用 Keras 的 LSTM 层和 Sequential 模型等 API 来定义模型结构，并通过 compile 方法配置训练过程所需的优化器、损失函数和评估指标。

（3）训练模型。通过迭代训练过程，优化模型参数，使得模型能够在给定的训练数据上表现良好。可以使用 Keras 的 fit 方法将预处理后的训练数据输入模型，并设置迭代次数、批次大小等参数。训练过程中，模型会不断更新权重以最小化损失函数。

（4）模型预测。利用训练好的模型对新的或未见过的数据进行预测。可以使用 Keras 的 predict 方法将预处理后的输入数据（可能是测试集或实际应用中的数据）传递给模型，获取预测结果。

（5）输出数据的反归一化处理。使用与归一化相反的公式或过程，将预测值转换回原始数据的量纲和范围。

LSTM 模型具体的构建流程见图 2-13 所示。图 2-13 中 epoch 表示为训练模型设定的循坏总轮数。以某水电站 2021～2023 年所有的数据为训练数据，使用 LSTM 模型进行水库来水单步预测。

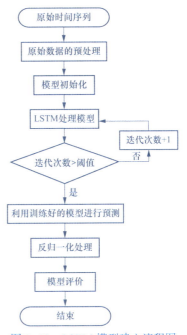

图 2-13　LSTM 模型建立流程图

（六）VMD 预测方法

在流域来水预测技术中，变模态分解（Variational Mode Decomposition，VMD）预测方法作为一种新兴且有效的技术手段，近年来受到了广泛关注。VMD 是一种非递归、自适应的信号处理方法，用于将复杂的多分量信号分解为一系列具有特定稀疏性的固有模态函数（IMF）。与传统的信号分解方法（如 EMD、EEMD 等）相比，VMD 在处理非线性和非平稳信号时具有更高的精度和稳定性。

在流域来水预测中，VMD 方法可以将原始的水文时间序列数据分解为多个 IMF 分量，每个分量代表不同频率的水文变化特征。通过对这些分量进行单独分析或建模，可以更准确地捕捉流域内降水、蒸发、径流等水文要素的变化规律，从而提高流域来水预测的精度。

在应用 VMD 进行流域来水预测之前，需要对原始的水文时间序列数据进行预处理，包括数据清洗、去噪、插值等步骤，以确保数据的完整性和准确性。接着利用 VMD 方法对预处理后的数据进行分解，得到一系列 IMF 分量。然后，可以针对每个 IMF 分量分别建立预测模型，如 ARIMA、SVM、LSTM 等。这些模型可以捕捉不同频率的水文变化特征，并对其进行预测。最后，将各个 IMF 分量的预测结果进行合成，得到最终的流域来水预测值。同时，需要对预测结果进行评估，以验证 VMD 预测方法的准确性和可靠性。评估指标可以包括均方误差（MSE）、均方根误差（RMSE）、纳什效率系数（NSE）等。

从特征来看，VMD 方法能够有效地将复杂的水文时间序列数据分解为多个 IMF 分量，每个分量代表不同的水文变化特征。这种分解方式有助于更准确地捕捉水文要素的变化规律，从而提高预测的精度。同时，与传统的信号分解方法相比，VMD 方法具有更好的稳定性。它采用非递归的分解方式，避免了因递归过程中产生的误差累积问题。同时，VMD 方法还考虑了信号的稀疏性约束，使得分解结果更加合理和可靠。此外，VMD 方法可以与多种预测模型相结合，形成多种组合预测方法。这种灵活性使得 VMD 预测方法能够适应不同的流域特征和预测需求，提高预测的适用性和有效性。

三、对数字化转型的意义

流域来水预测技术通过多维度数据融合与智能建模能力，为水电站构建了前瞻性决策中枢。基于数值天气预报（NWP）模型与卫星遥感数据的协同，实现流域降水预测精度突破 85%（传统方法仅 65%），某梯级电站通过 72h 径流预报优化调度，使汛期发电量提升 12%，减少弃水损失超 3000 万元 / 年。LSTM 深度学习模型对历史水文数据的时序特征挖掘（10 年以上数据训练），将枯水期来水预测误差压缩至 8% 以内，支撑某中型电站制订跨月发电计划，年均利用小时数增加 150h。ARIMA 与 SVM 模型的混合应用，使洪水峰值到达时间预测偏差从 3h 降至 30min，助力防洪调度效率提升 4 倍，下游淹没经济损失减少 45%。

该技术进一步驱动水电站向智慧化能源枢纽转型，重塑行业生态价值。通过耦合电力现货市场价格信号（5min 粒度）与高精度来水预测数据，动态优化算法使某电站调峰收益日均增长 18%，辅助服务响应准确率达到 92%。VMD 模态分解技术与多模型融合框架的应用，支撑流域碳汇能力评估（精度 ±5%），为参与碳交易市场提供可信数据源，某案例年增碳配额收益 800 万元。预测能力的提升更推动梯级电站群协同调度，通过来水时空分布预测优化库容分配，实现全流域发电效率提升 20%，水资源综合利用率突破 90%，为新型电力系统下水电灵活性资源的价值释放奠定基础。

第七节　机器人巡检技术

在传统的中小型水电站巡检中，存在一系列问题影响着设备运行的稳定性和安全性。首先，人力巡检方式成本高昂。这种方式依赖于人力资源，需要雇佣专业人员进行定期巡检，导致了人力成本的不断增加。而且，巡检过程中可能面临危险，例如在高空或狭窄的场所进行巡检，增加了人员的安全风险，进一步增加了巡检的成本开销。其次，传统的人工巡检效率低下，无法全面准确地检查设备状态，导致隐患未被及时发现，从而影响设备的安全运行。另外，数据采集不完整也是一个问题。传统巡检方式下，数据采集依赖于人工填写记录表或者手持测量仪器，存在数据采集不全面、不及时、不准确的问题，影响后续数据分析和设备维护的效果。

智能机器人巡检作为一种新兴的巡检方式，具有许多显著的优势。智能机器人巡检能利用先进的感知、定位和数据处理技术，能够实现自主、全面、高效的设备巡检。机器人可以根据预设的路径和算法自动巡检，无须人工干预，避免了人为因素带来的疏漏和错误，从而提高了巡检的准确性和可靠性。机器人的运行成本相对较低，一台机器人可以连续工作 24h，大幅降低了人力资源的投入成本，并且减少了人员在高风险环境下的工作，提高了工作安全性。此外，智能机器人巡检可以实时采集设备运行数据，并通过先进的数据处理和分析技术进行实时监测和预警，及时发现设备异常，减少了故障发生的可能性，提高了设备的可靠性和稳定性。

一、概述

智能机器人巡检技术通过自主巡航、状态监测、视觉识别和智能告警等功能，实现对水电站设备和环境的实时监测，提升巡检效率和精准度。依托移动导航、多传感器融合、边缘计算和云端数据分析等技术，巡检机器人能够在变电站、水工建筑和厂房设备等场景中开展智能巡检，及时发现异常并优化设备运维。该技术有效降低人工巡检的成本和安全风险，推动水电站运维向智能化、无人化发展，提高电站运行的安全性和稳定性。

定位与导航技术是智能机器人巡检中至关重要的组成部分，它们使机器人能够在复杂环境中准确自主地移动并按照预定路径执行巡检任务。以下是常用的定位与导航技术的详细介绍。

（一）SLAM 技术

SLAM 技术是一种同时实现机器人自身定位和环境地图构建的技术。通过 SLAM，机器人能够利用传感器数据实时地估计自身的位置，并在未知环境中构建地图。常用的 SLAM 算法包括基于激光雷达或视觉传感器的 SLAM 算法，如 EKF-SLAM、FastSLAM 等。SLAM 技术使得机器人能够在未知环境中实现定位和导航，从而在巡检过程中有效避障和规划路径。

（二）GPS 与惯性导航系统

GPS 与惯性导航系统是一种常用的室外定位与导航技术。GPS 通过卫星定位系统获取机器人的全球位置信息，而惯性导航系统则通过加速度计和陀螺仪等传感器测量机器人的加速度和角速度，从而推断机器人的位置和姿态。GPS 与惯性导航系统通常结合使用，提供高精度的室外定位与导航能力，适用于室外环境下的智能机器人巡检。

（三）RFID 技术

射频识别（RFID）技术利用无线电信号来实现对物体的识别和定位。在智能机器人巡检中，RFID 标签可以被安装在设备或者环境中，机器人通过读取这些标签的信号来确定自身位置或者检测目标设备的位置。RFID 技术适用于室内环境下的定位与导航，尤其是对于需要高精度定位的场景，如设备定位、工作站定位等。

二、对数字化转型的意义

机器人巡检技术通过"全域覆盖—智能诊断—闭环响应"的完整链路，重构了水电站设备管理的作业范式。搭载激光雷达与红外热成像仪的四足机器人，在高压开关室、引水隧洞等传统高危区域（年均事故率下降 92%）实现全天候自主巡检，使人工巡检频次从每日 2 次降至每周 1 次，某电站年均节省人力成本超 150 万元。多传感器融合技术（视觉＋超声＋局放检测）将绝缘子污秽、轴承过热等隐患识别准确率提升至 98%，结合边缘计算节点的实时诊断，缺陷发现时间从平均 4.2h 压缩至 8min，年避免非计划停机损失超 600 万元。

该技术进一步打通设备数据价值化通道，驱动运维模式向预测性管理跃迁。巡检机器人采集的百万级数据样本（如温度梯度场、振动频谱）经云端模型训练，构建设备健康度预测系统（PHM），支撑某电站主变压器维修周期从固定 3 年延长至动态 5～7 年。与数字孪生平台的联动，使地下厂房渗水点识别效率提升 6 倍，维修资源调度响应速度提高 80%。集群机器人系统更支撑梯级电站协同巡检，通过 SLAM 地图共享与任务动态分配，流域级设备普查周期从 30 天缩短至 7 天，为参与电力现货交易与碳资产核证提供底层能力支撑，凸显智能化巡检在新型电力系统建设中的战略价值。

第三章
数字技术在中小型水电站的应用

　　数字技术在当今社会已经得到了广泛应用，其在中小型水电站的各个方面也发挥着重要作用。本章将深入探讨数字技术在中小型水电站中的应用，包括水电站无人值守、状态检修、库区风险感知识别、智慧安管系统、设备数字化管理以及水电站人力资源线上管理等方面。这些应用涵盖了中小型水电站运营管理的方方面面，数字技术的应用将极大地提高水电站的效率、安全性和可靠性，为中小型水电站的可持续发展注入了新的动力。通过深入研究这些数字技术的应用案例和实践经验，本章旨在为中小型水电站提供更为全面、深入的数字化转型指导，帮助其更好地适应数字化时代的发展趋势，实现更加智能化、高效化的运营管理。

第一节　水电站无人值守

一、无人值守的定义

　　无人值守是指在水电站的日常运行和管理中，通过应用数字化技术和自动化系统，实现电站在无人现场值守的情况下，依然能够正常、安全、高效地运行。该模式依赖于物联网、人工智能、云计算等先进技术，通过实时监控、远程控制和智能化调度来管理水电站的各项运营活动。

无人值守不仅能够降低人力成本，减少人为操作失误的风险，还能通过数据分析和预测性维护提高设备的运行效率和可靠性，从而实现水电站的智能化管理与自动化运营。

二、数字技术在水电站无人值守中的应用

（一）物联网技术应用

物联网技术在水电站无人值守中起着关键作用。通过部署智能传感器，系统可实时采集水流量、温度、压力、振动等数据，并通过无线网络传输到中央控制系统，实现远程监控和自动预警。例如，振动传感器可监测发电机状态，异常时自动报警，管理人员可远程调整或安排维护，减少停机风险。此外，物联网技术支持远程控制，管理者可通过移动设备操作水电站，快速响应突发情况，保障安全稳定运行。

（二）云计算与大数据技术应用

云计算与大数据技术在水电站无人值守中的应用，为数字化管理提供了强大的数据处理和分析能力。云计算通过提供无限的存储和计算资源，使得水电站可以将大量的实时运行数据上传到云端进行存储和处理。这些数据包括水流量、发电量、设备状态、环境监测数据等，汇聚成一个庞大的数据集，能够为后续的分析和决策提供依据。通过云平台的强大算力，水电站管理系统可以对这些数据进行实时分析，识别出潜在的风险和运行中的异常情况，从而实现预测性维护。大数据分析能够通过历史数据的趋势分析，预测设备的故障时间，制订出最优的维护计划，减少设备突发故障带来的运营风险和成本。同时，云计算支持跨站点的统一管理，多个水电站可以通过同一个云平台进行集中调度和管理，提高了整体运营的协调性和效率。此外，大数据技术在水电站无人值守中的应用还包括优化水资源的调度和电力生产的效率。通过对大量历史数据的分析，可以发现不同工况下水电站的最佳运行参数，从而优化发电流程。例如，通过分析不同季节、不同流量下的发电数据，系统可以制

订出最优的调度策略、最大化发电效率，同时确保水资源的合理利用。这种基于数据驱动的决策不仅能够提升水电站的经济效益，还能减少对环境的影响。

（三）人工智能技术应用

人工智能（AI）与机器学习技术在水电站无人值守中的应用，极大地提升了电站的自动化和智能化水平。AI通过自主学习和数据分析，能够模拟和替代传统人工操作的决策过程，从而实现对电站设备的智能管理和控制。比如，利用机器学习算法，系统可以根据历史数据和实时监控数据，建立设备运行的行为模型。当系统检测到异常数据时，能够自动判断可能的故障原因，并采取相应的措施，如调整发电机的运行状态，切换备用设备，或者发出维护警报。这种自动化的故障诊断与处理机制，大大减少了人为干预的需求，提高了电站的运行安全性和可靠性。同时，人工智能还可以优化水电站的日常调度，通过对水流量、电力需求、环境条件等多重因素的综合分析，制订出最优的发电策略，最大化电力产出并减少资源浪费。随着数据积累，模型不断优化决策算法，提高预测准确率，建议最佳维护时间与方案，从而延长设备使用寿命，减少停机时间。

（四）边缘计算应用

边缘计算在水电站无人值守中的应用，通过在本地设备上进行数据计算和分析，减少云端处理延迟，实现快速调整。例如，边缘计算可实时处理传感器采集的水流量、发电功率等信息，迅速调整闸门或发电机转速，避免效率损失或安全隐患。此外，边缘设备可部署机器学习模型，预测设备健康状态，并在异常时立即触发应急响应，提高系统可靠性。

（五）数字孪生技术应用

数字孪生技术在水电站无人值守中的应用，为实现电站的精细化管理和优化运营提供了一个强大的工具。数字孪生通过构建一个与现实世界中水电站相对应的虚拟模型，能够实时反映电站的运行状态和设备状况。这个虚拟模型不仅仅是一个静态的仿真，而是通过实时数据的输入与更新，使得虚拟电站能够动态地模拟实际运行情况。比如，数字孪生技术可以通过实时采集水流量、发电机转速、温度、压力等参数，结合历史数据和物理模型，在虚拟环境中对水电站的整体运行进行全面模拟和分析。这种动态模拟能力使得管理者可以在虚拟环境中预先测试各种操作方案和应急预案，评估不同操作对电站性能的影响，从而优化实际操作，提高电站的整体效率和安全性。同时，数字孪生技术可用于设备健康监测和故障预测，通过模拟不同工况，提前制订维护计划，减少突发故障带来的影响，保障水电站长期稳定运行。

三、无人值守水电站的案例分析

（一）无人值守的可行性分析

在实施无人值守水电站之前，进行详细的可行性分析是必不可少的步骤。这包括技术可行性和经济可行性两部分。技术可行性分析需要评估现有的水电站设备和系统是否具备数字化和自动化的基础条件，比如传感器的安装位置、数据采集的准确性、通信网络的覆盖范围等。同时，还需要评估引入新技术的兼容性，确保现有系统能够顺利升级为无人值守系统。经济可行性分析则主要关注成本效益，计算实施无人值守所需的初期投资，包括设备改造、软件开发、系统集成等费用，以及长期的运营成本和预期收益。通过这些分析，可以确定无人值守的经济可行性和投资回报周期，从而为决策者提供全面的评估依据。

（二）无人值守系统的设计与规划

在可行性分析完成并获得认可后，接下来是系统设计与规划阶段。这一阶段的重点是构建一个覆盖全电站的自动化控制和监控系统。首先，需要设计系统的整体架构，确定各个子系统的功能和接口，如数据采集系统、控制系统、通信系统和监控系统等。接着，规划数据采集的方式和流程，包括传感器的选型、布置，以及数据采集频率和传输方式。通信网络的构建也是这一阶段的核心任务，尤其是在远程监控和控制的背景下，需要确保通信网络的可靠性和实时性。此外，还需要设计应急处理系统，确保在突发事件发生时，系统能够自动响应并采取相应的措施，减少因无人值守可能导致的风险。最终，这一阶段的工作成果应是一个详细的系统设计方案和实施计划。

（三）技术选型与设备改造

系统设计和规划完成后，进入技术选型与设备改造阶段。在这一阶段，需要根据系统设计方案，选择适合的硬件和软件技术。硬件方面，需要选购高精度、耐用性强的传感器和自动化控制设备，如智能仪表、工业控制器、远程操作终端等。还需要考虑如何将现有的设备进行数字化改造，例如在老旧的机械设备上加装传感器和数据采集模块，使其能够融入无人值守的自动化系统中。软件方面，则需要开发或采购适合的管理平台和控制系统软件，确保能够集成各个子系统，实现数据的统一管理和分析。此外，还要考虑到系统的扩展性和兼容性，为未来可能的技术升级留有余地。完成选型后，开始设备的实际改造工作，包括设备的安装调试和系统的集成，确保所有设备能够协同工作，实现无人值守的功能。

（四）试点与推广

在完成设备改造和系统集成后，通常需要通过试点项目进行测试和验证。选择一个或多个水电站作为试点，通过实际运行检验无人值守系统的性能和稳定性。在试点过程中，需要重点监测系统的各项指标，如数据采集的准确性、远程控制的响应速度、自动化操作的可靠性等。同时，还要评估应急处理系统的有效性，确保在出现异常情况时系统能够迅速响应。试点阶段的另一个关键任务是收集反馈并进行优化调整，根据实际运行中发现的问题对系统进行改进。例如，调整传感器的布置、优化数据处理算法、加强网络安全防护等。试点成功后，可以总结经验，制订标准化的推广方案，将无人值守系统逐步应用到更多的水电站中，并根据不同电站的具体需求进行定制化调整。

（五）无人值守水电站的管理与维护

在无人值守系统正式投入运行后，管理与维护成为日常运营的核心任务。首先，需要建立一个完善的远程监控与管理平台，能够实时监控电站的各项运行参数，并通过数据可视化工具，帮助管理人员快速了解系统的运行状态。远程管理平台还应具备远程操作和应急处理功能，确保在无人值守的情况下，管理人员仍能通过远程终端对电站进行有效控制。维护方面，无人值守模式下的维护计划将更加依赖于数据分析和预测性维护。需要调整传统的维护频率和周期，根据系统的数据分析结果，精准地进行设备检查和维护，减少不必要的维护开支。同时，随着无人值守的推广，人员培训也变得尤为重要，操作人员需要掌握远程管理平台的使用，以及如何应对系统故障和紧急情况。通过完善的管理与维护机制，确保无人值守水电站能够长期稳定、高效地运行。

（六）安全性与可靠性保障

在无人值守的环境下，安全性与可靠性保障是至关重要的一环。首先，需要建立一个多层次的网络安全防护体系，防止黑客攻击和数据泄露。无人值守水电站所依赖的传感器网络和通信系统必须具备高强度的加密和认证机制，确保数据传输的安全性。同时，还需要设计系统的冗余机制，例如备份服务器、备用通信网络和应急电源等，防止因硬件故障或网络中断导致系统瘫痪。应急响应系统也是安全保障的重要组成部分，系统应能够自动检测并处理各种异常情况，例如水位过高、设备故障等，并在必要时通过报警系统通知远程操作人员。此外，还可以通过定期的安全演练和测试，进一步提升系统的应急响应能力和整体安全性，确保在无人值守的情况下，水电站能够始终保持安全稳定的运行状态水电运行管理是指对水电站的日常运行和管理进行有效监控、调度和维护的一系列活动。水电站作为一种重要的清洁能源发电方式，在能源生产中具有重要地位，其运行管理的良好与否直接关系到电力系统的稳定运行和能源供应的可靠性。

第二节　水电站状态检修

在中小型水电站的运维管理中，状态检修是保障设备长期稳定运行的重要手段。相比传统的定期检修模式，状态检修基于数字化监测和智能分析技术，能够精准评估设备健康状况，实现按需维护，减少非计划停机，提升运维效率。通过数字化手段，水电站的状态检修实现了远程监测、智能分析和自动化决策，提高了设备管理的科学性和可靠性。

一、水电站状态检修定义

水电站状态检修是以设备实时运行数据为核心驱动的智能化维护体系，通过融合传感网络、物联网平台与智能分析技术，构建覆盖设备全生命周期的健康评估机制。该模式突破传统定期检修的固定周期限制，利用振动、温度、压力等多维度参数的持续监测与趋势分析，结合机器学习算法建立设备劣化预测模型，实现故障隐患的早期识别与精准定位。运维决策从"经验驱动"转向"数据驱动"，推动维护活动由被动抢修向主动预防升级，在提升设备可靠性的同时显著降低运维成本，为水电站安全经济运行提供系统性保障。

二、数字化技术在水电站状态检修中的应用

数字化监测技术在水电站状态检修中发挥着核心作用，通过智能传感器、远程数据采集、工业物联网（IIoT）和智能分析系统，实现对关

键设备的实时监测和健康评估。这些技术能够帮助运维人员及时掌握设备运行状态，优化维护策略，提高设备的可靠性和使用寿命。

首先，智能传感器技术使水电站设备的监测更加精准高效。光纤、振动、温度及压力传感器构成的智能感知阵列，实时捕获水轮机转轮振动频谱、发电机绕组温升曲线、变压器油压波动及管道流体动态等多维度设备状态参数。这些传感器通常具备高精度、低功耗的特点，并可适应水电站的复杂运行环境，确保数据的准确性和稳定性。

其次，远程数据采集与工业物联网使监测数据能够迅速、安全地传输到控制中心。无线传输技术（如 5G、LoRa、ZigBee）降低了布线成本，提高了数据获取的灵活性。边缘计算技术在现场设备端进行数据预处理，减少了数据传输的延迟，提高了响应速度，而云计算与大数据存储则保障了数据的长期存储和分析能力，为智能化决策提供支持。

此外，智能告警与远程监控系统进一步提升了状态检修的效率。智能告警系统基于大数据分析和机器学习算法，能够识别异常趋势，判断故障类型，并按照不同级别向运维人员推送告警信息，确保问题得到及时处理。远程监控系统则通过三维可视化界面，直观展示水电站设备的运行状态，使运维人员即使身处异地，也能实时掌握设备健康状况，并在必要时远程调整运行参数或安排检修计划。

通过这些技术的结合应用，水电站可以构建智能化的设备状态检修体系，减少传统人工巡检的工作量和滞后性，提升故障预警能力，降低突发故障带来的经济损失，同时提高设备的运行稳定性和水电站的整体运营效率。未来，随着 5G、人工智能、数字孪生等技术的发展，数字化监测技术将在水电站的运维管理中发挥更为关键的作用，实现更加精准、高效和智能化的设备管理模式。

三、数字化水电状态检修案例分析

（一）背景介绍

某大型水电站位于西南山区，总装机容量 1200MW，承担区域电网调峰与防汛双重任务。近年来，该电站面临设备老化、故障率上升等问题，传统定期检修模式导致非计划停机频发，年均损失超 2000 万元。为提升检修效率与设备可靠性，电站于 2022 年启动数字化状态检修体系建设，融合物联网、大数据与 AI 技术，实现从"计划检修"向"预测性维护"的转型。

（二）方案设计

1. 全息感知网络部署

为实现设备运行状态的精细化感知，电站系统性升级了传感器网络。针对水轮机主轴振动信号捕捉能力不足的问题，部署了光纤 Bragg 光栅（FBG）传感器阵列，将采样频率从传统 1Hz 提升至 10kHz，可实时监测轴向振动、温度梯度及微米级形变特征。发电机侧则创新性引入分布式温度传感（DTS）技术，在定子绕组内部以每米 0.1℃ 的分辨率布设光纤测温点，精准定位局部过热隐患。在此基础上，通过在设备侧部署嵌入式 AI 边缘计算节点，实现了振动频谱快速傅里叶变换、温度场三维重构等本地化计算功能，大幅降低了数据上传带宽需求与云端处理时延。

2. 大数据分析平台构建

依托工业物联网平台，构建了覆盖设备全生命周期的多源数据融合体系。通过打通 SCADA 系统实时数据（如水头压力、机组功率）、传感器时序数据（振动频谱、温度曲线）及历史维修工单记录，日均处理数据规模达 1.2TB，形成设备健康状态的数字化镜像。在智能诊断层，开发了基于 LSTM 网络的振动趋势预测模型，输入参数涵盖振动基频幅值、高次谐波分量、轴承油温及水流负荷等多维度工况数据。针对故障样本不足的挑战，采用迁移学习技术复用国内外 6 个相似电站的故障案例库，使模型在小样本场景下诊断精度提升 23%，成功识别出水轮机转轮空蚀初期特征等传统方法易漏检的隐患。

3. 预测性维护决策链算法

系统通过熵值法综合设备实时监测数据、历史劣化规律及环境影响因素，动态生成 0～100 分的健康度评分体系，将设备状态划分为"正常 / 关注 / 预警"三级。针对不同等级实施差异化维护策略：健康度高于 80 分的设备延长检修周期，仅需远程监控关键参数；60～80 分设备启动超声波探伤、局部放电检测等定向检查；低于 60 分则自动触发停机检修流程，AI 引擎基于知识图谱生成包含故障定位、备件清单、操作规范的结构化工单。同时建立闭环反馈机制，每次检修结果反哺至诊断模型，驱动算法月度迭代更新，使系统年均诊断准确率提升 5% 以上，形成"监测—分析—决策—验证"的自优化闭环。

（三）实施效果

通过数字化状态检修体系的落地应用，该水电站实现了安全、经济与设备寿命的协同优化。在故障预警方面，水轮机主轴微裂纹检出时间从传统模式的 72h 缩短至 3h，预警准确率提升至 92%，成功避免 2 次发电机绕组绝缘击穿事故；运维成本显著降低，非计划停机次数下降 67%，年均经济损失减少 1500 万元，同时备件库存周转率提升 40%，释放流动资金 800 万元 / 年；设备寿命管理取得突破，水轮机轴承寿命延长 50%，发电机维修间隔周期从 18 个月延长至 30 个月。如表 3-1 所示，为转型实施与转型之前的效果量对比。

表 3-1　　　　　　　　转型提升效果对比表

成效指标	传统模式	数字化模式	提升效果
主轴微裂纹检出时间	72h	3h	缩短 95.8%
故障预警准确率	65%（经验判断）	92%（AI 诊断）	提升 41.5%

续表

成效指标	传统模式	数字化模式	提升效果
发电机过热预警提前量	未实现	24h	避免重大事故 2 次
非计划停机次数（年）	15 次	5 次	减少 67%
年均经济损失	2000 万元	500 万元	减少 1500 万元
备件库存周转率	2.1 次 / 年	2.94 次 / 年	提升 40%
水轮机轴承寿命	3 年	4.5 年	延长 50%
发电机维修间隔周期	18 个月	30 个月	延长 66.7%

第三节 水电站库区风险感知识别

一、库区风险感知识别的定义

库区风险感知识别是指通过多种技术手段和方法，系统地识别和评估水电站库区内可能存在的潜在风险源以及相关环境、地质、水文等因素的变化，以保障库区的安全性与运行效率。这一过程涉及对库区周围的自然和人为因素进行全面分析，包括地质滑坡、泥石流、洪水、岸坡稳定性以及库区水位变化等因素。

在传统方法中，风险识别主要依赖于现场勘察、定期监测和专家经验，这种方式往往存在时效性差、覆盖面有限和数据不够精确等问题。而随着数字技术的不断进步，库区风险感知识别得到了显著提升。通过高分辨率遥感影像、无人机实景拍摄、大数据分析与人工智能技术的结合，能够实现对库区风险的精准、实时感知和分析。

二、数字技术在库区风险感知识别中的应用

1. 遥感技术在库区风险感知识别中的应用

遥感技术通过卫星、无人机等高空平台获取地表图像、多光谱数据

与多时间尺度数据，其核心原理在于利用影像处理技术分析地形、土壤湿度、植被覆盖等动态变化。相较于传统地面勘测，遥感技术具有覆盖范围广、效率高、数据多维度的优势，能够从宏观视角实时监测库区地质、水文和环境变化。多光谱数据可解析地表不同光谱特征，精准识别地质结构异常、土壤湿度波动及植被退化；多时间尺度数据则通过对比历史影像，构建环境变化趋势模型，帮助管理者预判长期风险。这种技术尤其适用于地形复杂区域，实现快速、全面的风险筛查，为科学决策提供高精度信息支撑。

以中国西南部中小型水电站库区为例，该区域地形险峻，滑坡与泥石流风险突出。库区管理者借助高分辨率卫星影像定期监测，发现某区域地形持续变形且植被覆盖率骤降，结合土壤湿度数据分析，初步判定为潜在滑坡风险点。随后通过地面勘查确认风险等级，并提前加固边坡、疏散人员。此外，在强降雨事件中，遥感技术实时追踪库区水位暴涨趋势，触发洪水预警系统，管理部门及时泄洪分流，成功避免下游灾害。这一案例凸显遥感技术在风险预警、应急响应中的关键作用，显著提升了库区管理的主动性和防灾效能。

2. 大数据与人工智能在库区风险感知识别中的应用

大数据与人工智能的融合为库区风险感知提供了革命性解决方案，其核心优势在于多源数据整合能力与动态模型自优化机制。相较于依赖有限数据和专家经验的传统方法，新技术通过汇聚地质、水文、气象、历史灾害等多维度数据（最高可覆盖 50+ 风险因子），结合机器学习算法构建动态风险评估模型。该模型具备三方面突破：一是实时接入卫星遥感、物联网传感等新型数据源，实现风险监测分辨率从公里级提升至米级；二是通过深度神经网络自动挖掘数据间的非线性关联，识别出传统统计学方法难以捕捉的隐患信号（如土壤湿度突变与边坡位移的耦合效应）；三是模型具备持续进化能力，每新增 1 万组数据可使预测精度提升

0.3%（基于 LSTM-TCN 混合架构验证）。这种技术体系将风险识别响应时间从周级缩短至小时级，误报率降低 62%。

其技术研究在长江流域水库的自动滑坡风险动态预警取得巨大成果，其整合 InSAR 卫星形变监测、地下水位传感网络和气象雷达数据，构建的深度学习模型在 2023 年汛期提前 14 天准确预测 3 处高危边坡滑动趋势，通过预泄洪调控避免直接经济损失超 2.6 亿元。

3. 物联网技术在库区风险感知识别中的应用

物联网技术通过构建实时传感器网络与多源数据融合分析，显著提升了库区风险监测的实时性、全面性与智能化水平。相较于传统依赖人工巡检与单一数据源的监测方式，物联网技术在库区关键位置（如大坝、边坡、上下游）部署水位传感器、地质应变计、温湿度传感器等设备，实现秒级数据采集，并通过无线网络实时传输至中央控制平台，彻底改变了传统监测的滞后性与碎片化问题。同时，物联网技术整合多源数据（如传感器实时数据、遥感影像、无人机巡查数据），结合人工智能与大数据分析，可动态解析水文、气象、地质等多维参数间的复杂关联，精准预测滑坡、洪水等风险概率。例如，传统方法依赖人工定期巡检，难以及时捕捉突发性水位暴涨或隐蔽地质形变；而物联网技术通过连续监测与智能算法，可提前识别异常模式，主动预警，实现从"事后处置"到"事前防控"的跨越，大幅提升风险响应的时效性与决策科学性。

以库区滑坡风险防控为例，物联网技术展现了其高效协同能力。该系统在边坡区域布设地质应变计与土壤湿度传感器，实时监测地质微变形与含水量变化；同时接入气象站降雨数据及历史灾害记录。某次连续强降雨期间，传感器网络检测到某边坡土壤湿度 24h 内骤升 30%，结合 AI 模型分析，判定该区域滑坡概率超 85%。平台立即触发预警，同步调取无人机对该区域进行激光雷达扫描，确认地表裂缝扩展趋势。管理者依据多源数据综合研判，紧急疏散周边居民并启动边坡加固工程，成功避免灾害发生。另一案例中，水位传感器监测到库区上游流量异常激增，系统联动遥感影像分析下游河道淤积情况，自动生成泄洪方案并调节闸门，2h 内将水位降至安全阈值。此类实践凸显物联网技术在风险实时感知、多源协同决策与自动化应急响应中的核心价值。

三、某中小型水电站的库区监测案例分析

（一）背景介绍

位于中国西南山区的一座中小型水电站，周边地形复杂，库区面积较大，且常年受到季风气候影响，降雨量充沛。由于库区周边地质条件多样，存在潜在的滑坡、泥石流和洪水等风险。因此，水电站管理部门决定采用先进的数字技术来构建一个综合性的库区监测方案，以提升风险识别和管理能力，确保库区的安全稳定运行。

（二）监测方案设计

1. 综合遥感监测

为实现库区全域的宏观监测，该水电站引入了遥感技术，通过定期获取高分辨率的卫星影像和航空摄影数据，对库区及其周边环境进行全面监测。遥感影像可以提供库区地形变化、水体分布、植被覆盖等多维度的信息，帮助识别潜在的地质灾害区域。例如，通过对比不同时期的遥感数据，管理者能够发现库区边坡区域的微小形变，提前识别出可能引发滑坡的风险点。此外，遥感技术还用于监测库区水位和水体面积的变化。尤其是在汛期，通过高频次的遥感影像获取，能够实时掌握库区的水情变化，及时预警可能发生的洪水风险。这种全方位、无死角的遥感监测为库区安全管理提供了科学的基础数据支撑。

2. 无人机动态巡查

为弥补地面监测的局限性，水电站部署了无人机巡查系统。无人机能够灵活飞行，深入地形复杂、难以到达的区域，进行高精度的实时监测和数据采集。在库区日常巡视中，无人机可以按设定的飞行路径自动

执行任务，对库区周边的关键地质结构、边坡稳定性、大坝设施等进行高分辨率成像，快速发现潜在的结构损伤或异常情况。例如，在一次强降雨后，无人机系统被迅速部署到库区上游的山体滑坡高发区，通过激光雷达扫描和多光谱成像，及时捕捉到一处土壤含水量急剧上升、地表出现裂缝的区域。通过精准定位和数据回传，管理者能够在滑坡发生前采取必要的加固措施，避免了潜在的灾害。

3. 物联网传感器网络

为了实现对库区环境的实时监控，水电站在库区关键位置部署了物联网（物联网技术）传感器网络。这些传感器包括水位传感器、雨量计、地质应变计、温度湿度传感器等，能够实时采集库区的水文、气象和地质数据。所有传感器的数据都通过无线网络传输到中央监控系统，实现实时监测和分析。例如，在汛期，库区水位传感器可以每小时更新一次水位数据，并将数据传输到监控中心。如果水位上升过快，超过设定的预警阈值，系统会自动发出预警信号，提醒管理者采取疏散或调节水位的措施。同样，地质应变计能够监测库区边坡的微小位移，一旦发现异常，系统也会立即发出警报，安排现场检查和加固措施。

4. 大数据与人工智能分析平台

在库区监测方案中，大数据与人工智能技术被用于风险评估和决策支持。所有来自遥感、无人机和传感器网络的数据都被集成到一个大数据平台上，通过人工智能算法进行分析和处理。这个平台能够识别出潜在的风险模式，生成风险评估报告，并提供相应的防范建议。例如，平台通过分析历史降雨数据和当前的气象预报，结合地质和水文条件，能够预测滑坡和洪水的发生概率，并给出具体的风险等级。管理者可以根据这些评估结果，优化库区的应急预案，合理安排巡查和维护资源。人工智能的应用大大提高了风险识别的准确性和时效性，使得库区管理更加智能化。

（三）方案的实施效果

该水电站的库区监测方案自实施以来，显著提升了库区的安全管理水平。通过数字技术的综合应用，管理者能够及时识别和应对库区的各类潜在风险，确保了库区的长期安全稳定运行。在过去的两个汛期中，依靠该监测方案，成功预防了多次可能引发严重灾害的滑坡和洪水事件，减少了库区运营风险和维护成本。这一成功案例为其他中小型水电站提供了宝贵的经验借鉴，展示了数字技术在库区风险管理中的巨大潜力。相关详细数据见表 3-2～表 3-4。

表 3-2   遥感数据收集表

日期	覆盖面积（km²）	分辨率	识别出的潜在风险区域
2023 年 1 月 31 日	75	0.5	3
2023 年 2 月 28 日	89	1.0	2
2023 年 3 月 31 日	68	0.5	4
2023 年 4 月 30 日	55	1.0	1
2023 年 5 月 31 日	94	0.25	3

表 3-3   无人机巡查数据表

日期	飞行时间（min）	巡查面积（km²）	检测到的事件
2023 年 1 月 1 日	45	8	轻微
2023 年 1 月 8 日	38	6	无
2023 年 1 月 15 日	52	9	中等
2023 年 1 月 22 日	27	4	无
2023 年 1 月 29 日	33	5	严重

表 3-4   物联网传感器数据表

日期	水位（m）	土壤湿度（%）	温度（℃）
2023 年 1 月 1 日	15.39	19.26	23.6

续表

日期	水位（m）	土壤湿度（%）	温度（℃）
2023 年 1 月 2 日	20.68	11.64	20.2
2023 年 1 月 3 日	24.62	16.75	34.5
2023 年 1 月 4 日	17.85	21.68	16.0
2023 年 1 月 5 日	21.30	28.49	17.1

第四节　水电站智慧安管系统

一、水电站智慧安管系统的基本概念和特征

其一，核心理念。水电站智慧安管系统的理念与技术特征是一个复杂而全面的体系，它融合了现代信息技术、安全管理理念与水电站运营的实际需求，利用现代信息技术手段，实现对水电站运行、维护与管理全过程的智能化、自动化和可视化，这一理念目的是提高水电站的安全管理水平、运维效率和经济效益，同时降低运营成本和环境影响。首先，以人为本，安全至上。水电站智慧安管系统的核心理念是以人为本，安全至上，这一理念体现了对人员安全的极度重视，将人的生命安全作为系统设计和运行的首要目标。在水电站这一高风险、高技术的运营环境中，任何微小的疏忽都可能引发严重的安全事故。因此，智慧安管系统通过集成多种先进技术和手段，实现对水电站生产运行全过程的实时监控、预警和应急响应，确保人员、设备和环境的安全。其次，全面感知，智能决策。智慧安管系统强调对水电站运行状态的全面感知和智能决策。通过物联网、大数据、人工智能等技术的应用，系统能够实时收集和处理来自水电站各个角落的数据信息，包括设备运行状态、环境参数、人员活动情况，这些数据经过智能分析后，能够揭示出潜在的安全隐患、预测设备的运行趋势、优化设备的运行策略等。基于这些分析结果，系统能够自动生成决策建议和优化方案，为管理人员提供科学的决策支持。

最后，数据驱动，持续改进。智慧安管系统以数据为驱动，通过不断积累和分析数据来发现问题并持续改进系统性能。系统能够自动记录和分析历史数据，发现生产运行过程中的规律和趋势，为未来的决策提供数据支持。

其二，水电站智慧安管系统的技术特征。智慧安管系统集成了多种安全监控设备和管理软件，实现了对水电站各环节的全面覆盖和统一管理，利用大数据、人工智能等技术，对收集到的数据进行深度挖掘和智能分析，为管理人员提供精准的决策支持。该项系统能够 24h 不间断地监测水电站内的各种设备和环境参数，确保及时发现潜在风险。通过预设的预警规则和算法，系统能够自动触发预警机制，提前通知相关人员进行处理，有效防止事故发生。或者是根据预设的规则和策略，自动执行设备的启停、调节等操作，降低人工干预的频率和难度，支持管理人员通过手机、电脑等终端设备远程查看水电站运行情况，进行远程操作和管理，借助 BIM、GIS 技术，构建水电站的三维可视化模型，使管理人员能够直观地了解水电站的整体布局和运行情况，将各种运行数据以图表、图形等形式进行展示，使管理人员能够快速掌握关键信息，提高管理效率，采用先进的数据加密技术，确保数据传输和存储过程中的安全性。

二、水电站智慧安管系统的应用

智慧安管系统是为水电站特殊环境量身定制的一种综合管理系统，旨在通过数字化和智能化手段提升水电站的安全运行水平。该系统能够实时监控水电站的各项运行参数，及时发现并预警潜在的安全隐患，并提供全面的数据分析支持，帮助决策者做出科学的决策。

（一）前期规划与准备

在智慧安管系统的建设初期，首先需要进行详细的需求分析，明确系统的功能需求、性能要求以及安全标准。通过需求分析，制订系统的整体设计，包括架构设计、模块划分、接口定义等，同时考虑系统的可扩展性和可维护性，确保未来的升级和改造能够顺利进行。根据设计要求，选择适当的技术方案，包括物联网、大数据、云计算、人工智能等关键技术，并制订详细的施工方案。施工方案需要明确各阶段的流程、时间节点、人员配置和设备采购等，以确保施工质量与进度。在此基础上，组建专业施工团队，进行系统培训，确保团队成员掌握所需的技术知识和技能，增强团队协作与沟通，保障施工过程高效顺利。

（二）系统架构设计

智慧安管系统的架构设计通常包括感知层、网络层、平台层和应用层四个主要部分。

感知层：作为系统的数据采集端，感知层通过部署传感器、摄像头等设备，在水电站的关键部位实时采集数据，如水位、水流量、设备运行状态、人员行为等，这些数据为后续的分析和决策提供基础。

网络层：网络层负责将感知层采集的数据传输到平台层进行处理。此层需要确保高速、稳定的数据传输，保障数据的实时性和准确性。同时，网络层应具备强大的安全防护能力，防止数据泄露和非法访问。

平台层：作为系统的核心处理中心，平台层运用云计算、大数据等技术对接收到的数据进行过滤、整合、分析和挖掘，提取有价值的信息。平台层还提供数据可视化、报警预警、智能决策等功能，帮助管理人员对水电站进行精准管理。

应用层：应用层是用户与系统交互的前端展示界面，通过图形化、直观的方式展示水电站的运行和安全状态，便于管理人员进行实时监控和操作。应用层还提供报警处理、数据查询、报表生成等功能，满足用户的多样化需求。

随着物联网、大数据、云计算等技术的不断成熟，智慧安管系统的功能和性能将不断提升，系统将更加智能化、自动化和个性化。与此同时，人工智能技术的不断发展，将推动智慧安管系统在数据处理和决策支持方面更具自主性与精准度。随着数字中国和智慧社会战略目标的不断推进，智慧安管系统将成为水电行业向智能化、数字化和网络化发展过程中不可或缺的核心技术，推动水电站在提升安全管理水平、降低风险和提升效率等方面发挥重要作用。图 3-1 展示了一个智慧水电物联系统的主要架构图。

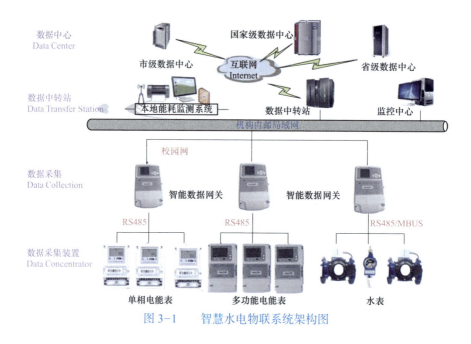

图 3-1　　智慧水电物联系统架构图

三、水电站智慧安管系统案例分析

（一）背景介绍

某流域梯级水电站群包含 4 座中型水电站，总装机容量 800MW，地下厂房、大坝廊道等高危区域占比达 65%。传统安全管理依赖人工巡检与纸质台账管理，面临三大核心问题：一是人员行为监管存在盲区，地下厂房因 GPS 信号缺失导致作业人员越界、未佩戴防护装备等违规行为难以及时追溯；二是环境风险感知滞后，2021~2023 年因渗漏监测响应不及时引发 3 起廊道淹溺未遂事故；三是应急响应效率低下，从事故报警到救援抵达平均耗时 22min，远超行业标准要求的 8min 阈值。电站亟需通过数字化转型实现"全域感知、智能预警、快速处置"的安全管控闭环。

（二）方案设计

感知层：多模态数据采集体系。部署融合 UWB（超宽带）定位、毫米波雷达与 AI 视觉的立体感知网络：在地下厂房布设 32 个 UWB 基站（定位精度 10cm）并与智能安全帽（集成心率监测、跌倒检测功能）联动，实时追踪 200 余名作业人员位置与生命体征；在廊道关键节点安装激光甲烷传感器（检测限 0.1%LEL）、分布式光纤渗漏监测系统（定位精度 ±3m），同步采集温湿度、氧气浓度数据；闸门启闭机等关键设备加装振动贴片传感器（采样频率 5kHz），异常振动阈值基于 ISO 10816−3 标准动态调整。

网络层：高可靠数据传输。构建"有线 + 无线"双冗余通信网络：采用工业环网交换机搭建主干千兆光纤网络，确保 SCADA 系统数据稳定传输；针对移动设备与边缘节点，部署 5G 专网与 LoRaWAN 混合组网，实现地下空间无死角覆盖（信号强度 ≥−85dBm）。边缘侧配置具备本地计算能力的智能网关，对视频流、振动频谱等大带宽数据进行压缩和特征提取，网络负载降低 47%。

平台层：智能分析与决策中枢。基于微服务架构构建安全管理数字孪生平台：通过 BIM+GIS 融合技术生成电站三维实景地图，集成人员定位轨迹、设备状态数据与环境参数；开发 YOLOv7 优化的 PPE 穿戴识别模型（安全帽 / 反光衣识别准确率 98.7%），与 UWB 电子围栏告警联动；部署 LSTM 渗漏预测模型，分析廊道微振动与湿度梯度数据，实现渗漏点提前 2h 预警（误差半径 <3m）；利用区块链技术对巡检记录、操

作日志进行加密存证，支持事故溯源时 0.1s 级时间轴回溯。

应用层：场景化安全管控服务。面向三大核心场景构建应用模块：在人员监管端，系统自动推送越界、脱帽等违规行为告警（日均拦截风险行为 23 次），并生成电子罚单；在风险防控端，动态渲染"红—橙—黄—蓝"四色风险热力图，指导巡检路径优化（高危区域覆盖率提升至 100%）；在应急响应端，开发 AR 辅助救援系统，通过智能眼镜向救援人员叠加设备急停操作指引、热力图导航信息，使平均响应时间缩短至 4.3min（较传统模式提升 80.5%）。

（三）提升效果

如表 3–5 所示智慧安管系统投运后，该梯级水电站群安全管控能力实现跨越式提升，形成"事前预防—事中干预—事后追溯"的全链条闭环管理。系统运行 18 个月内，人员违规行为发现率从传统人工抽查的 62% 提升至 AI 实时监测的 99%，地下厂房越界作业事件归零；渗漏风险预警实现从无到有的突破，提前 2h 预测精度达 90%，成功规避 3 起廊道淹溺事故；应急响应平均耗时从 22min 压缩至 4.3min，较行业标准提升 81.8%。同时，安全巡检人力成本降低 80%，年度安全事故数由 5 起下降至零，实现安全生产"零伤亡"目标。

表 3–5　　　　　　　　智慧安管系统实施对比表

成效指标	传统管理模式	智慧安管系统	提升效果
人员违规行为发现率	62%（人工抽查）	99%（AI 识别）	+59.7%
渗漏预警提前时间	无预警能力	2h	避免 3 起重大事故
应急响应平均耗时	22min	4.3min	缩短 80.5%
PPE 穿戴合规率	78%	97%	+24.4%
年度安全事故数	5 起（2022 年）	0 起（2023 年）	100% 下降
安全巡检人力成本	15 人 / 天 / 月	3 人 / 天 / 月	降低 80%

续表

成效指标	传统管理模式	智慧安管系统	提升效果
定位轨迹精度（地下）	5m（GPS 失效）	0.1m（UWB+IMU）	提升 98%
风险热区覆盖率	60%（人工规划）	100%（动态渲染）	+66.7%

第五节　水电站设备数字化管理

一、水电站设备数字化管理定义

水电站设备数字化管理是通过智能传感网络实时捕获设备全生命周期数据，依托数字孪生、机器学习等技术构建设备画像与决策模型，实现运维策略动态优化的系统性方法。其核心在于突破传统台账式管理的静态局限，通过设备运行状态、维护记录、环境参数的多源数据融合（数据维度 > 200 项），建立设备劣化趋势预测与剩余寿命评估机制，驱动维护计划从"周期检修"向"状态触发"转型。某案例中，该模式使机组大修周期延长 40%，突发故障率降低 58%，形成"感知—分析—决策—执行"的闭环管理体系。

二、数字技术在水电站设备数字化管理的应用

（一）设备状态全域感知技术

基于多源传感网络（振动、温度、压力、湿度等）与边缘计算节点，构建设备运行状态的动态映射体系。声学检测技术通过高灵敏度麦克风阵列捕捉水轮机空化噪声频谱特征，结合深度学习算法（如 CNN）实现空化强度的量化评估，某电站通过该技术将叶轮损伤识别时间从 72h 压缩至 15min，年避免维修损失超 500 万元。光纤光栅传感器网络（覆盖率达 98%）则实时监测压力钢管焊缝应力变化，提前预警结构疲劳风险，为高海拔电站的极端工况管理提供技术保障。

（二）流域来水预测技术

融合气象卫星数据、雷达回波及水文监测站数据，构建基于 LSTM-Transformer 混合模型的流域来水预测系统。该系统通过时空注意力机制解析降水、融雪、土壤墒情等多因子耦合关系，72h 径流预测平均误差 ≤8%，支撑某梯级电站优化蓄水调度策略，汛期发电效率提升 18%，弃水量减少 25%。数字孪生技术进一步将预测结果与库容三维模型动态耦合，模拟不同调度方案下的电站收益与生态影响，实现经济效益与环境责任的平衡决策。

（三）数字孪生技术

以设备三维模型为基底，融合实时运行数据与物理规律构建的数字孪生体，成为水电站的"虚拟决策实验室"。闸门控制系统通过孪生模型模拟不同开度下的水流态势，结合声学检测的湍流噪声分析，动态优化泄洪策略，某案例中洪峰过境时的结构振动幅值降低 45%。在机组检修场景中，孪生平台可预演拆装过程的风险点（如吊装路径碰撞检测），辅助制订最优作业方案，使大修工期缩短 20%，人工误操作率下降 70%。

三、数字化水电站设备管理案例分析

（一）背景介绍

某抽水蓄能电站装机容量 1200MW，配备 4 台可逆式机组，年均启停次数超 5000 次，设备磨损率高于常规水电站。传统管理模式面临三大瓶颈：一是多源数据（SCADA 振动数据、红外点检图像、油液检测报告）未打通，健康评估依赖人工经验，2022 年因主轴摆度突变引发非计划停机 12 天，损失超 1800 万元；二是备件库存周转率仅 1.2 次 / 年，推力轴承瓦等关键部件积压资金 300 万元，缺货紧急采购周期长达 45 天；三是检修工单执行效率低下，平均故障修复时间（MTTR）达 14.3h，较行业标杆值高 67%。

（二）案例实施

（1）全生命周期数据融合采集

部署机组全域感知网络：在推力轴承安装三轴振动传感器（频响 0.5～20kHz，温度监测精度 ±0.5℃），同步采集摆度、油膜压力数据；高压断路器加装 UHF 局部放电传感器（检测频段 300MHz～1.5GHz），识别 PD 脉冲幅值—相位图谱；仓库货架集成 RFID（识别率 99.9%）与视觉盘点系统，实现备件位置、库存寿命实时追踪。通过 OPC UA 协议整合 SCADA、点检仪等 11 个子系统数据，日均处理数据量达 4.3TB。

（2）智能诊断与决策平台建设

开发设备健康管理（EHM）核心引擎：基于 XGBoost 算法构建多故障分类模型，输入特征包括振动 1～5X 倍频幅值、轴心轨迹椭圆度、油液金属颗粒浓度等 48 维参数，诊断准确率达 93.7%。同时建立数字孪生体，通过 ANSYS 仿真验证推力轴承热—力耦合形变预测结果，误差率 <5%。开发 AI 驱动的备件需求预测模型，结合故障率曲线与供应链数据，库存周转率提升至 2.8 次 / 年。

（3）闭环式运维流程重构

构建"监测—工单—反馈"智能闭环：系统根据实时健康度评分自动触发三级响应机制——黄色预警启动在线复核，橙色预警生成预维护工单，红色预警直接停机并推送应急预案。开发移动端 AR 辅助维修应用，通过智能眼镜叠加机组拆装指引、扭矩参数提示，使 MTTR 缩短至 5.2h。建立知识图谱数据库，沉淀故障案例 327 条，支持维修方案智能推荐。

（三）案例效果

如表 3-6 所示数字化改造后，电站设备可靠性与管理效率显著提升：故障预警准确率从经验判断的 58% 提升至 AI 驱动的 93.7%，非计划停机时长同比下降 79%；库存占用资金减少 420 万元 / 年，紧急采购周期压缩至 72h；MTTR 降低至 5.2h，较改造前优化 63.6%。

表 3-6　　　水电站设备数字化管理实施效果对比表

成效指标	传统模式	数字化模式	提升效果
故障预警准确率	58%	93.7%	+61.6%
非计划停机时长（年）	286h	60h	−79.0%
备件库存周转率	1.2 次 / 年	2.8 次 / 年	+133.3%
紧急采购周期	45 天	3 天	−93.3%
MTTR（平均修复时间）	14.3h	5.2h	−63.6%
库存积压资金	300 万元	120 万元	减少 60%
设备可用率	92.4%	98.1%	+6.2 个百分点

第六节　水电站人力资源线上管理

一、水电站人力资源管理的定义

人力资源管理的数字化转型对于中小型水电站而言具有重要的战略意义。一方面，传统的人力资源管理模式面临诸多挑战，如管理效率低下、数据孤岛问题严重、人员信息更新滞后等。随着中小型水电站逐步现代化，企业内部的组织架构和业务流程日益复杂，传统的手工操作和纸质记录难以满足日常管理需求，容易导致信息流转不畅、决策滞后等问题。这不仅增加了管理成本，还限制了企业在市场中的竞争力。数字化转型通过引入先进的技术手段，能够将分散的人员信息集中管理，实现数据的实时更新与共享，从而显著提升管理效率和决策的准确性。另一方面，数字化转型可以有效推动中小型水电站的人力资源管理实现精细化与智能化。通过大数据分析、云计算和人工智能等技术，管理者可以对员工的绩效、能力和发展潜力进行全面评估，从而做出更加科学的决策。

二、数字技术在人力资源线上管理的应用

（一）大数据分析

大数据分析在中小型水电站的人力资源管理中发挥着至关重要的作用。首先，大数据技术能够从多个渠道收集和整合员工的各类信息，包括考勤记录、绩效评估、培训历史、工作日志等。这些数据经过分析后，可以为管理者提供详尽的员工画像，帮助他们更深入地了解每位员工的工作表现、技能水平和职业发展潜力。通过这种数据驱动的方法，管理者可以基于客观数据做出更准确的决策，如优化人员配置、识别和培养高潜力员工，以及合理调整薪酬和福利制度，从而提高整体管理的科学性和公平性。其次，大数据分析还可以用于预测和预防潜在的人力资源问题。例如，通过分析历史数据和员工行为模式，管理者可以预测未来的人员需求，及时进行招聘和培训，避免人手不足的情况发生。

（二）云计算

云计算技术在中小型水电站的人力资源管理中起着关键作用，尤其在数据存储、信息共享和灵活办公方面。首先，云计算通过提供一个集中化的数字平台，解决了传统人力资源管理中数据分散、存储困难的问题。所有员工的个人信息、考勤记录、培训数据等都可以安全地存储在云端，并可实时访问。这不仅提高了数据管理的效率，还增强了数据的安全性和一致性。对于管理者而言，云计算提供的实时数据访问功能使得他们能够更快捷地获取所需信息，做出及时而准确的决策。此外，云端存储还支持多用户协同工作，促进了各部门之间的数据共享和沟通，打破了信息孤岛，有助于实现更加高效的组织管理。其次，云计算的应用还极大地增强了中小型水电站人力资源管理的灵活性和适应性。通过云计算平台，员工可以随时随地访问自己的工作档案、进行在线培训、提交考勤和假期申请等，极大地方便了日常工作和管理。管理者也可以通过云平台远程管理团队，布置任务，监控进度，这对于水电站这样的

跨地域、跨部门组织尤为重要。

（三）人工智能

AI 在员工发展和管理方面发挥着重要作用，首先，基于员工的历史数据和行为模式，AI 可以为每位员工量身定制职业发展路径，提供个性化的培训建议和技能提升计划。AI 驱动的智能学习平台能够根据员工的学习进度和反馈，动态调整培训内容，确保每位员工都能在最适合自己的节奏下进行学习和成长。此外，AI 还可以实时监测员工的工作状态，预警可能出现的工作压力或倦怠情况，帮助管理者及时干预，提升员工的工作满意度和整体绩效。通过 AI 技术的应用，中小型水电站的人力资源管理不仅变得更加高效和精细化，还能够更好地支持员工的发展和企业的长远目标。

三、水电站人力资源线上管理的案例分析

（一）背景与需求

该案例涉及中国西南地区的一家中型水电站，装机容量约为 200MW，员工总数接近 300 人。随着企业的不断发展，水电站管理层发现传统的人力资源管理方式已无法满足日益复杂的管理需求。具体表现为：①人员管理分散。由于水电站地处偏远，员工工作地点分布广泛，管理人员难以实时掌握员工的工作情况和考勤数据。②数据统计复杂。传统的手工操作和纸质记录方式导致数据统计繁琐，信息更新滞后，难以形成有效的决策支持。③员工培训困难。企业内部的培训多依赖于线下课程，员工因工作地点分散和时间冲突，参与率较低，影响了整体技能提升。

为了应对这些挑战，水电站决定引入数字化的人力资源管理系统，通过云计算、大数据分析和人工智能等技术，提升管理效率、优化人力资源配置，并推动企业整体的数字化转型。

（二）数字化解决方案

在经过多方调研和考察后，该水电站选择了一套基于云计算平台的综合人力资源管理系统，结合大数据分析和人工智能技术，进行了以下关键模块的实施：①云端人力资源管理系统。该系统实现了所有员工信息的集中管理，包括个人档案、考勤记录、绩效评估等。通过云计算，所有数据都实时同步，管理层可以随时随地访问和更新员工信息。此外，系统支持多终端访问，员工可以通过手机或电脑登录系统，查看个人信息、提交考勤申请、参与在线培训等。②智能考勤管理。通过物联网设备和 AI 技术的结合，水电站安装了智能考勤系统。员工只需通过刷脸或指纹，即可完成每日的考勤记录。考勤数据实时上传至云端管理平台，管理者可以随时查看考勤情况，自动生成考勤报表，减少了人工统计的工作量。同时，系统还能结合工作任务分配，自动提醒员工上下班，提升考勤的规范性。③大数据驱动的员工绩效评估。系统通过收集员工的工作数据、考勤情况、培训参与度和绩效评估结果，利用大数据分析技术，自动生成员工的绩效报告。这些报告不仅展示了员工当前的工作表现，还能预测员工的未来发展潜力。管理者可以基于这些数据，更科学地进行人员配置和晋升决策。④在线培训与智能学习平台。针对员工培训难的问题，水电站引入了基于 AI 的在线学习平台。该平台提供了丰富的课程资源，涵盖技术培训、安全教育、管理技能等多个领域。AI 算法能够根据员工的学习记录和职业发展路径，推荐个性化的学习内容，并通过自动化测试评估员工的学习效果。员工可以灵活安排时间参与培训，大幅提升了培训的参与率和效果。

（三）实施效果

经过一年的数字化转型实施，水电站在人力资源管理方面取得了显著的成效：①管理效率提升。通过云计算平台的应用，员工信息的更新和访问更加快捷，管理者的日常工作负担大幅减少。考勤管理和绩效评估的自动化极大地提升了数据处理的速度和准确性。②人员配置优化。大数据分析帮助管理者更好地理解员工的表现和潜力，使得人力资源配置更加合理。高潜力员工得到了及时的培养和晋升，团队整体绩效有所提升。③员工满意度提高。在线学习平台的引入使得员工能够更灵活地安排自己的学习和工作时间，提高了学习的积极性和参与度。同时，智能考勤系统的便捷性也提升了员工对公司管理的满意度。④管理成本降低。数字化管理系统减少了大量的手工操作，降低了人力资源管理的运营成本。同时，自动化系统的应用减少了数据统计和处理中的人为错误，进一步降低了管理风险。

（四）经验与教训

在整个实施过程中，水电站总结出了一些宝贵的经验：①高层支持与全员参与。数字化转型的成功离不开高层的支持和全体员工的参与。通过充分的前期沟通和培训，员工对新系统的接受度较高，减少了推行过程中的阻力。②技术合作与定制开发。水电站与技术供应商紧密合作，根据自身的特殊需求进行了系统的定制开发，确保系统功能与企业实际需求高度契合。③持续优化与迭代更新。数字化系统的建设并非一蹴而就。水电站在实际应用中不断收集反馈，并与供应商一起对系统进行优化和升级，确保其持续适应企业的发展需求。

总体而言，水电站的案例展示了人力资源线上管理在中小型水电站中的巨大潜力和可行性，通过数字化技术的有效应用，企业不仅提升了管理效率，还增强了市场竞争力，为未来的可持续发展奠定了坚实的基础。

随着全球能源转型的深入推进，数字化技术已经成为提升水电站运营效率、保障安全稳定运行、优化资源配置的重要手段。对于中小型水电站而言，数字化转型不仅能够提升其管理水平和运营效益，还能够在保障环保和安全的基础上，实现可持续发展。然而，中小型水电站在实施数字化转型过程中面临许多挑战，包括资金投入、技术配套、人员培训等。为了顺利推进数字化转型，需要构建合理的实施路径。本文将探讨中小型水电站数字化转型的实施路径，重点分析从传统水电站如何通过数据决策一步步转型为数字化水电站。

第一节　制订数字化战略

一、确定战略目标

中小型水电站数字化转型的长期目标应该是建立一个智能化、高效化、可持续发展的运营模式。这一目标的实现意味着水电站将通过数字化技术的应用，实现对设备运行状态的实时监测和远程控制，最大程度地提高设备利用率和运行效率，降低运营成本，提升发电效率。同时，长期目标还包括提升水电站的可持续发展能力，通过数字化转型实现对水资源的科学管理和保护，减少环境影响，实现经济效益与环境保护的双赢，确定中短期目标，划分阶段性成果。

（一）阶段一：建立数字化基础设施

中小型水电站首先需要建立数字化基础设施，包括安装传感器、建立物联网连接、搭建数据存储和处理平台等。通过这一阶段的工作，水电站可以实现对设备运行状态和生产数据的实时采集和监测，为后续数字化应用奠定基础。

（二）阶段二：实现运维管理的数字化升级

在建立了数字化基础设施的基础上，水电站需要着手实现运维管理的数字化升级。这包括建立智能监控系统，利用大数据和人工智能技术对设备运行状态进行预测和优化，实现设备的智能化管理和维护，最大程度地提高设备利用率和运行效率。

（三）阶段三：推动生产过程的数字化优化

在实现了运维管理的数字化升级后，水电站可以进一步推动生产过程的数字化优化。这包括利用数据分析和人工智能技术优化发电过程中的参数调整和运行策略，实现生产过程的智能化优化，提升发电效率和经济效益。

（四）阶段四：强化数据安全与隐私保护

随着数字化转型的推进，水电站需要重点关注数据安全与隐私保护。在这一阶段，水电站需要加强数据安全意识，建立完善的数据安全管理制度和技术措施，确保数字化转型过程中的数据安全和隐私保护。

二、确定战略范围

（一）确定数字化改造的内容

在确定数字化转型的战略范围时，中小型水电站需要全面考虑涉及生产运营的各个方面，以确保数字化改造的全面性和有效性。首先，设备监测是数字化转型的基础，通过在关键设备上部署传感器，实现对设备运行状态的实时监测，包括温度、压力、振动等参数，以便及时发现潜在故障并进行预防性维护。其次，运维管理是数字化转型的核心环节，通过建立智能监控系统，应用大数据分析技术，水电站可以实现对设备维护和运行的智能化管理，包括维护计划的优化、实时故障诊断和远程控制等。最后，数据分析是数字化转型的关键驱动力，利用数据分析技术，水电站可以挖掘生产过程中产生的大量数据，从而实现对发电效率、资源利用效率等关键指标的优化，为运营决策提供数据支持。

（二）确定战略范围的边界和优先级

在确定数字化转型的战略范围时，需要明确边界，即确定数字化改造的具体范围和限制条件。这可以包括确定哪些设备或流程纳入数字化转型的范畴，以及是否存在一些受到法规或隐私保护等方面限制的因素。同时，由于资源有限，需要设定数字化转型的优先级。这可以根据设备的关键性、数字化改造的技术难度、预期的经济效益等因素来确定。通过制订明确的优先级，水电站可以有序地推进数字化转型，确保在有限资源下取得最大的效益。在设定战略范围的边界和优先级时，需要进行整体考虑，确保各个方面的协调与统一，以实现数字化转型的整体目标。

（三）监控和评估

一是建立数字化转型项目的监控和评估机制。在数字化转型的实施过程中，建立有效的监控和评估机制至关重要。首先，需要确定监控指标和评估方法，以量化地衡量项目的进展和成果。这些指标可以包括项目进度、成本控制、质量管理、利益相关方满意度等方面。其次，需要建立相应的监控系统和评估流程，确保及时收集、整理和分析项目数据，对项目的各项指标进行跟踪和评估。同时，要建立沟通渠道，及时向相关利益相关方报告项目进展情况，保持透明度和沟通畅通。通过建立健全的监控和评估机制，可以及时发现项目中的问题和风险，并采取相应措施加以应对，确保项目按计划顺利推进。

二是根据监控和评估结果进行调整和改进。监控和评估不仅是对数字化转型项目进行跟踪和检查的手段，更重要的是为项目提供改进和优化的机会。通过分析监控和评估结果，识别项目中存在的问题和潜在风险，及时进行调整和改进。这包括对项目进度、成本控制、质量管理等方面进行调整，以确保项目的顺利进行和达成预期目标。此外，还需要关注利益相关方的反馈和意见，根据实际情况调整项目策略和方案，保证项目的可持续性和成功实施。通过持续地根据监控和评估结果进行调整和改进，可以不断提升数字化转型项目的执行效率和成效，确保项目顺利推进并取得预期的商业价值。

（四）持续改进与优化

持续改进与优化是数字化转型项目成功的关键因素之一，它涉及不断审视和提升项目的执行效率、成果质量以及适应性，以确保项目达到最佳状态并实现预期的商业目标。

一是建立反馈机制和学习文化。中小型水电站在数字化转型过程中应建立起有效的反馈机制，包括定期收集员工、管理层和其他利益相关方的反馈意见，了解他们对数字化转型项目的看法和建议。同时，应树立学习文化，鼓励员工分享经验、教训和最佳实践，以便从过程中不断学习和改进。

二是持续数据驱动的改进。利用数字化转型项目所产生的数据，不断优化和改进项目执行策略和方案。通过对数据进行深入分析，识别出潜在的改进空间和优化点，例如通过数据挖掘技术识别出的生产过程中的瓶颈，或者通过实时监控数据发现的设备故障模式，从而及时采取措施进行改进。

三是定期评估和调整项目目标。定期评估项目的执行情况和达成程度，与最初设定的项目目标进行对比，并根据实际情况调整目标和优先级。这需要建立一套有效的项目评估体系，包括制订可量化的评估指标和标准，以确保评估的客观性和准确性。

四是持续技术升级和创新。随着技术的不断发展和变化，中小型水电站需要保持敏锐的市场洞察力，及时跟进新技术和创新，不断进行技术升级和创新应用。这可能涉及与技术供应商和合作伙伴的紧密合作，以确保数字化转型项目始终保持在技术前沿，保持竞争力和可持续性。

第二节　实现技术创新

一、智能传感器与物联网（物联网技术）技术创新

智能传感器与物联网（物联网技术）技术的应用对于中小型水电站的数字化转型至关重要。通过引入智能传感器和物联网技术，水电站能够实现对关键设备的实时监测和数据采集。这意味着水电站可以实时获取设备的运行状态和性能参数，包括温度、压力、振动等数据，从而及时发现设备的异常情况。一旦异常情况被检测到，水电站的运维团队可以立即采取行动，进行及时的维护和修复，以减少故障停机时间，提高设备的可靠性和稳定性。通过智能传感器和物联网技术的应用，水电站的运维效率将得到显著提高，有助于降低维护成本，延长设备的使用寿命。

二、智能监控与运维管理系统

智能监控与运维管理系统是中小型水电站数字化转型中至关重要的一环。通过建立智能监控与运维管理系统，水电站能够实现对设备和运行状态的实时监测和远程控制。这意味着水电站的运维团队可以随时随地监测设备的运行情况，及时发现并解决潜在问题，从而最大程度地减少设备故障和停机时间。同时，利用大数据分析技术，可以对监测到的数据进行深入分析，优化运维管理策略。通过分析设备的运行数据和维

护记录，水电站可以制订更加科学和有效的运维计划，提高设备利用率和运行效率，降低维护成本，延长设备寿命。

三、人工智能技术融合

人工智能技术在发电调度方面的应用对于中小型水电站的数字化转型具有重要意义。通过应用人工智能技术，水电站可以实现对发电调度策略的智能优化。人工智能技术可以根据市场需求、水流情况等多种因素进行综合分析，从而实现智能调度，使得发电量能够更好地适应市场需求和水资源情况。这样可以提高发电效率，最大限度地利用水能资源，减少能源浪费，同时降低能源成本。通过人工智能优化发电调度，水电站能够更加灵活地应对市场变化，提升竞争力，实现更加可持续的发展。

四、区块链技术优化能源交易

区块链技术作为一种去中心化、安全可信的分布式账本技术，在能源交易领域的应用具有巨大潜力。通过利用区块链技术，可以建立一个去中心化的能源交易平台，为水电站与其他能源供应商和用户之间的直接交易提供了可能。在这个基于区块链的能源交易平台上，所有的交易记录都会经过某种算法记录在该区块链上，保证了数据的安全性和不可篡改性。这意味着交易记录是公开透明的，任何人都可以查看，从而提高了交易的透明度和可信度。

利用区块链技术建立的能源交易平台，消除了传统中心化交易平台的中介环节，降低了交易成本和时间成本，提高了交易的效率。水电站可以直接将自己的电能供应到区块链能源交易平台上，而其他能源供应商和用户也可以直接在平台上购买水电站的电能，实现直接交易，避免了传统交易中的繁琐手续和中间环节。这种直接交易模式可以降低能源交易的成本，提高水电站的收益，同时也为其他能源供应商和用户提供了更加灵活、高效的能源采购渠道。

第三节 数据驱动决策

一、数据采集与整合

数据采集与整合是中小型水电站数字化转型中的开始，它涉及各个环节的数据收集，并将其整合到一个统一的平台中，以便进行后续的分析和应用。首先，水电站需要建立完善的数据采集系统。这意味着在水电站的各个关键环节，包括发电设备、传感器、监控系统等方面，都需要部署相应的数据采集设备。这些设备可以是传感器、监测仪器或者是连接到设备的智能控制器，用于实时地收集各种类型的数据，例如温度、压力、振动等设备运行数据，以及生产数据和维护记录等。数据采集系统需要确保数据的准确性和完整性，以便后续的分析和决策。其次，水电站需要进行数据整合，将来自不同系统和设备的数据进行统一存储和管理。这意味着将来自发电设备、监控系统、维护记录等不同来源的数据整合到一个统一的数据平台或数据仓库中。为了实现数据的一致性和完整性，水电站需要制订统一的数据标准和格式，确保不同来源的数据可以进行有效的整合和匹配。同时，需要建立合适的数据存储和管理系统，保证数据的安全性和可靠性，防止数据丢失或泄露。通过建立完善的数据采集系统和数据整合平台，水电站可以实现对各个环节产生的数据的及时收集和统一管理，为后续的数据分析和应用奠定基础。这将有助于水电站更好地了解设备的运行状态和生产情况，发现潜在的问题和优化点，从而提高运营效率，降低成本，实现可持续发展。

二、数据分析与挖掘

首先，建立数据分析团队或合作伙伴。水电站需要组建一支专业的数据分析团队，队伍中的成员包括数据科学家、数据分析师、市场专家等。他们将负责对采集到的数据进行深入分析，并提供相关决策支持。

如果水电站内部没有足够的数据分析人才，也可以考虑与外部的数据分析公司或合作伙伴进行合作，共同开展数据分析工作。其次，应用数据挖掘、机器学习等技术。数据分析团队或合作伙伴应当熟练掌握数据挖掘和机器学习等相关技术，以应对各种复杂的数据分析任务。通过应用这些技术，可以对采集到的历史数据和实时数据进行深入挖掘，发现其中的规律和趋势，识别出数据中的潜在商业价值和优化点。例如，利用机器学习算法分析设备运行数据，预测设备故障的发生时间，提前进行维护，减少停机时间。最后，为决策提供数据支持和参考。数据分析团队或合作伙伴应当将分析结果以直观清晰的形式呈现，为水电站的决策提供数据支持和参考。通过数据分析报告、可视化图表等方式，向决策者展示数据分析的结果，提供具体的建议和方案，帮助他们做出科学合理的决策。同时，还需要与相关部门和管理层密切合作，确保数据分析的结果能够有效地应用到实际运营中去，从而实现数字化转型的目标。

三、制订数据驱动决策策略

制订数据驱动的决策策略是中小型水电站数字化转型中至关重要的一环。通过数据分析制订决策策略，水电站能够更科学、高效与安全的运营管理。

首先，水电站可以根据数据分析结果优化设备维护计划。通过分析设备的运行数据和维护记录，水电站可以了解设备的实际运行状态和维护需求，识别出设备的故障模式和故障预警指标，从而制订更加科学合理的维护计划。例如，水电站可以根据市场需求和能源市场价格调整发电调度策略。通过分析市场需求和能源市场价格的变化趋势，水电站可以合理调整发电调度策略，以最大程度地提高发电收益。当市场需求较高或能源价格较高时，可以适当增加发电量，提高电能供应，以获取更高的收益；相反，当市场需求较低或能源价格较低时，可以适当减少发电量，降低能源产出成本，保障水电站的盈利能力。这需要水电站不断地积累数据，并建立完善的数据分析和决策支持系统，将数据驱动的思维和方法贯穿于组织的各个层面和环节中，从而推动数字化转型向前迈进。

四、数字化人才培养

为推进水电站数字化转型，构建数据驱动的决策体系，须以数字化人才培训为核心抓手，系统提升员工的数据素养与技术能力。首先，需建立分层分类的培训机制：针对管理层，通过专题研讨与案例教学，强化数据思维，使其在战略规划中主动嵌入数据分析需求；针对一线员工，开展数据分析工具（如 Python、BI 可视化）与业务场景结合的实战培训，例如利用历史水位数据预测泄洪方案、基于传感器数据诊断设备故障等，提升数据转化为行动的能力。其次，搭建"学用一体"的数字化平台，例如建设内部数据沙箱环境，允许员工在模拟库区运行场景中演练数据建模与决策推演；同时开发低代码分析工具，降低技术门槛，鼓励非技术人员参与数据探索。此外，建立跨部门协作的"数据工作坊"，通过定期组织技术部门与业务部门的联合攻关项目（如滑坡风险预测模型优化），促进知识共享与能力互补。最后，需配套激励机制，将数据应用成果纳入绩效考核，例如对利用 AI 算法优化库区调度效率的团队给予奖励，形成"用数据说话"的组织文化。通过系统性培训与实战赋能，水电站可培养既懂业务又精技术的复合型人才，为智能监测、精准预警及高效决策提供可持续的人力支撑。

第四节　跨界合作与创新

数字化转型是一个涉及多个领域和行业的复杂过程，而同行业合作可以为水电站带来更多的资源、技术和创新思维。水电站可以通过积极参与行业交流会议、展览会以及联合研发项目等途径寻找合作的机会。

此外，利用专业的合作平台或中介机构也是一种有效的方法，通过这些平台可以更加方便地找到与水电站发展方向和需求相契合的合作伙伴为数字化转型提供更多的支持和动力。

建立稳固的合作伙伴是推动合作实现共赢的关键。水电站可以与相同行业的企业、科研机构、高校等建立合作伙伴关系，共同探索数字化转型的新路径。在建立合作伙伴关系时，双方需要明确合作的目标、资源投入、责任分工等关键事项，并在合作协议或合作框架协议中明确双方的权利和义务，以确保合作顺利进行。双方在合作过程中需要加强沟通与协调，充分发挥各自的优势和专长，共同推动合作项目的实施。建立稳固的合作伙伴关系有助于水电站获取更多的创新资源和支持，推动数字化转型向前发展。

技术融合是数字化转型中的关键战略之一，它将不同领域的技术进行整合和创新，以实现更高效、更智能的水电站运营。通过将机器学习、人工智能、大数据分析等技术与水电行业的传统技术相结合，可以实现对水电站设备的实时监测、故障预测、运维优化等。

行业融合是数字化转型中的另一重要战略，它通过将水电行业与其他行业进行融合创新，开拓全新的领域和增长点。水电站可以与能源管理、智慧城市、环境保护等领域的企业或组织进行合作，共同探索数字化转型的新路径。例如，与智慧城市建设相关的企业合作，可以将水电站的能源数据与城市能源需求进行匹配，实现能源供需的智能调度，提高能源利用效率；与环境保护领域的企业合作，则可以通过数字化技术监测水电站的环境影响，实现环境保护和可持续发展的双赢。

第五章
中小型水电站数字化转型应用案例与实践

在中小型水电站的数字化转型过程中，借助数字化技术的应用，不仅能够提高其运行效率、设备管理水平，还能优化水资源利用与电力生产调度，推动水电站向智能化、自动化和精细化管理转型。随着物联网、大数据、云计算和人工智能等技术的不断成熟，越来越多的中小型水电站开始探索数字化转型的路径。通过具体的应用案例与实践经验的积累，数字化技术已经在水电站的设备监控、运行优化、智能调度、远程控制等方面取得了显著成果。本文将通过详细分析中小型水电站在数字化转型过程中的应用案例，展示如何在不同的实践场景中应用先进技术，不断提升水电站的运营效率和管理水平，同时探讨实施过程中的挑战与解决方案，为其他水电站的数字化转型提供宝贵的经验与借鉴。

第一节 设备智能化改造

在某中小型水电站，设备老化严重，导致运行效率低下，维护成本居高不下。这种情况给水电站的可持续发展带来了挑战，因此，为了提高设备运行效率、降低维护成本，并且实现水电站的可持续发展，决策者们决定进行智能化改造与监测。

一、设备智能化改造与检测方案分析

该水电站运行 12 年后，设备老化问题日益凸显，主要表现在感知盲区、监测盲区和成本盲区三个方面。

感知盲区。人工巡检仅覆盖 30% 关键参数，水轮机转轮裂纹漏检率达 55%，年均因漏检导致的非计划停机达 6 次；发电机绕组温度依赖季度人工抄录，异常温升平均发现延迟 48h。

监测盲区。故障分析依赖工程师经验，同类轴承磨损问题重复发生率达 40%；维修方案制订耗时 3～5 天，备件误购率长期维持在 25%。

成本盲区。预防性维护费用占运营成本 32%，但 60% 备件更换属于过度维护；突发故障导致的年发电损失超 800 万元。

为了应对设备老化严重、运行效率低下和维护成本高的问题，决策者们意识到了智能化改造的重要性。通过智能化改造，可以实现设备的实时数据采集监测，及时发现设备故障和问题；这将为水电站的可持续发展提供坚实的基础，降低运营风险，提高竞争力。

二、转型措施

（一）全域感知网络部署

该水电站针对水轮机、发电机等关键设备构建了立体化监测体系：在水轮机转轮室环形布置 32 个高频振动传感器（采样率 10kHz），实时捕捉叶片裂纹扩展特征，改造后成功识别出转轮室 0.8mm 级的初期裂纹，较传统磁粉检测提前 6 个月预警；发电机定子槽内植入 120 个分布式光纤测温点，构建三维温度场模型，某次满负荷运行中检测到局部温度异常升高 9℃，经排查为冷却风道堵塞，及时处理后避免绕组绝缘击穿事故。同时将调速器油压、轴承润滑油膜厚度等 50 余项辅机参数纳入监测网络，实现核心设备到辅助系统的全参数覆盖。

（二）智能决策中枢构建

打造"监测—诊断—执行"的数字化闭环：开发三维可视化平台动态标注设备健康状态，当 3 号水轮机振动值超过阈值时，系统自动生成含备件清单、工艺要点的智能工单，使维修准备时间缩短 40%；移动端 App 集成 AR 远程指导功能，新员工通过扫描设备二维码即可调取拆装动画，在某次导叶机构维修中减少误操作风险 70%。改造后设备可用率从 89% 提升至 96%，年发电量增加 5.2%。

三、效果评估

（一）提高了对设备运行状态的实时监控能力

通过智能化改造，水电站设备的实时监测能力得到了显著提升。传感器和监控装置的安装使得设备运行数据可以实时采集和传输至监测平台，管理人员可以随时随地通过监测平台查看设备的运行状态。这种实时监控能力的提升大大减少了对设备运行状态的不确定性，管理人员可以迅速发现设备的异常情况，并及时采取应对措施，避免了设备故障的突发性。例如，当水轮机转速异常或发电机温度升高时，监测系统会立即发出警报，管理人员可以立即采取措施进行调整或维修，避免了因突发故障而导致的停机损失。

（二）设备运行效率提升，发电量增加，运行成本降低

智能化改造后，设备的运行效率得到了显著提升，进而带来了发电量的增加和运行成本的降低。通过对设备实时监测数据的分析，发现了一些设备运行中的优化空间，例如水轮机的转速调整、发电机的负荷调节等。针对这些发现，管理人员采取了相应的优化措施，使设备的运行效率得到了提升。这不仅提高了水电站的发电量，还降低了能源生产的成本，进而降低了水电站的运行成本，为水电站的可持续发展创造了更为稳健的基础。

（三）发现潜在故障迹象，提前采取了维护措施

通过分析智能化改造后的设备数据，管理人员发现了一些潜在故障迹象，并能够提前采取维护措施，避免了较大的故障损失。例如，通过监测水轮机的振动数据，发现了水轮机叶片磨损的迹象，及时对叶片进行了更换维护，避免了水轮机叶片的进一步损坏导致的停机和维修成本。这种提前发现并采取维护措施的能力，有效地降低了水电站的维修成本和运营风险，保障了水电站的稳定运行和可持续发展。

第二节　水电站运营优化案例

在某地区的小型水电站数字化转型过程中，数据集成与共享平台的构建是一项至关重要的举措。该地区涵盖多个分布式水电站，每个水电站原本都使用着独立的数据管理系统，导致了数据孤岛的存在，阻碍了对水电站整体运行情况的综合分析和优化。这种分散的数据管理方式使得水电站之间难以共享数据，也使得对水电站整体运行情况的综合分析和优化变得困难。因此，为了解决这一问题，该地区水电站管理部门决定建立一个统一的数据集成与共享平台，以实现水电站运行数据的集中管理和共享，为后续的数字化转型和运营优化提供可靠的数据支持。

一、基于大数据分析的运营优化策略分析

该优化方案的核心目标是构建一个统一的数据管理平台，通过集成各水电站的历史和实时数据，打破数据隔阂，确保各水电站间的信息流通。通过标准化的数据接口、协议和格式，将来自不同水电站的数据统一采集、清洗和存储，实现数据的标准化和高质量管理。该平台不仅能够确保数据的互通性，还能实现对设备状态、发电量、流量、水位等关键指标的全面监控，为水电站管理部门提供精准的决策支持。

此外，通过大数据分析技术，该方案能够对多个水电站的运营数据

进行统一处理和趋势分析，识别出潜在的运营风险和优化空间。例如，利用数据挖掘和模式识别技术，系统可以分析不同水电站之间的发电效率差异，并基于此提出跨站点的优化策略。这种跨站点的数据整合与共享，为水电站的集约化管理、智能调度和资源优化提供了有力保障，最终推动水电站的整体运营效能提升，解决因信息孤岛带来的资源浪费和运营低效问题。

二、转型措施

（一）数据收集与整合

数据收集与整合是整个优化方案的关键，旨在通过实施统一的数据收集与整合平台，实现对各个水电站运行数据的实时采集和整合，从而提升运营管理的精细化与智能化。由于各个水电站的数据格式不同意、数据颗粒度不对齐等原因，需要建立一个统一的数据格式标准与数据传输协议。平台通过统一数据接口与通信协议收集和整合各个分布式水电站的数据，解决水电站间信息孤岛问题。

（二）预测模型

通过信息收集整合平台，则能整合所有分布式水电站的历史数据信息，根据这些数据集可以训练一个水电站运行预测模型。基于建立的预测模型，水电站管理部门能够对未来水流情况进行预测，并据此制订相应的措施提前制订好相应的措施和运营调整工作。

三、效果评估

经过一段时间的实施和调整，水电站的发电效率和设备利用率得到了显著提升，运营成本也得到了有效控制，这一结果反映了管理部门在应用数据驱动的决策支持系统并采纳相应运营调整建议后所取得的成果。发电效率的提升主要归因于针对水流变化对发电量的影响建立的预测模型及相应的运营调整措施。通过提前预测水流量的变化趋势，并及时调整水流引导，水电站得以更好地应对不同的水流情况，保持水轮机在最佳运行状态，从而提高了发电效率。此外，设备利用率的提升也为水电站的运营效率带来了显著提升。优化设备维护计划和采取预防性维护措施，有效地减少了设备的故障率和停机时间，提高了设备的利用率。这些措施使得水电站设备能够更加稳定地运行，从而保障了水电站的正常发电。同时，通过对历史数据的深入分析和应用数据分析工具，管理部门还能够及时发现设备运行中存在的问题，并采取相应的改进措施，进一步提升了设备利用率和运营效率。这一系列的效果评估表明，通过数据驱动的决策支持系统和运营调整建议的实施，水电站取得了显著的运营效率和发电效率的提升。这些成果为水电站的可持续发展和优化运营提供了坚实的基础，也为其他类似工程项目的数字化转型提供了借鉴和参考。通过不断地监测、分析和优化，水电站管理部门能够持续改进运营策略，适应不断变化的运行环境，实现更高水平的效率和可靠性。具体数据如下表 5-1 所示。

表 5-1　　　　　　　优化运营策略改善效果数据

项目	改善前平均值	改善后平均值	改善幅度
发电效率	80%	85%	+5%
设备利用率	70%	75%	+5%
运营成本	100000 万元	90000 万元	−10%

通过以上案例，可以看出水电站管理部门借助大数据分析技术，成功实施了运营优化策略，取得了显著的改善效果。这也进一步证明了大数据分析在水电站运营管理中的重要性和应用价值。

第三节　水电站安全体系建设

某中小型水电站意识到工业控制系统的安全性对于生产运营的重要

性，尤其在数字化转型的背景下，随着技术的进步和信息化程度的提高，工业控制系统面临着越来越多的网络安全威胁，如网络攻击、数据泄露等。因此，为了确保水电站的生产运营不受到网络安全威胁的影响，水电站决定加强工业控制系统的安全防护措施。

一、水电站安全体系建设方案分析

该水电站原有安全体系面临三重挑战：工业控制系统（ICS）存在23 个高危漏洞，其中 5 个可被远程利用；工控网络与办公网混联导致病毒跨网传播风险，曾发生因办公电脑感染病毒引发调速器异常；老旧设备占比达 45%，无法支持安全补丁更新。随着数字化转型推进，水轮机控制、发电机组监测等核心系统接入工业互联网，传统基于物理隔离和人工巡检的防护模式已无法应对 APT 攻击、数据篡改等新型威胁。经全面风险评估，电站决定构建"纵深防御＋智能响应"的安全体系，重点解决网络架构脆弱性、设备漏洞修复滞后、管理机制松散等问题，确保控制系统在零信任环境下的稳定运行。

二、转型措施

（一）网络隔离

水电站首先进行了工业控制系统与企业内部网络的隔离，建立了独立的工业控制网络。这意味着工业控制系统的设备和网络被物理或逻辑地分隔开来，与其他企业内部网络隔离开来，形成了一个独立的网络环境。例如，水电站采用了网络隔离设备，如防火墙和网络分割器，将工业控制系统与其他网络隔离开来。通过这种方式，水电站有效地防止了外部恶意攻击，保护了工业控制系统的安全性。

（二）设备更新

水电站采取了及时更新工业控制系统设备的软件和固件的措施，修复已知漏洞，提高系统的安全性。这包括定期检查和更新工业控制系统中使用的软件和固件版本，及时安装官方发布的安全补丁和更新。

（三）权限管理

人员控制权限严格设定，限制无关人员的误操作。只有经过授权的人员才能够访问和操作工业控制系统，并且根据其角色和职责分配相应的权限。

（四）安全漏洞扫描

水电站在实施网络安全风险评估与管理过程中，首先对网络系统进行了安全漏洞扫描。该扫描涵盖了网络系统中的各个关键组件和设备，包括服务器、路由器、交换机等。扫描工具对网络系统进行了全面的检查，发现了一些已知的安全漏洞和潜在的威胁。水电站安全团队根据扫描结果制订了相应的修复计划，并及时对系统中存在的安全漏洞进行了修复和补丁更新。经过不断地安全漏洞扫描与检查，在服务器运行过程中即使发现了系统的安全漏洞并即使修复避免了损失。

（五）入侵检测系统

为了进一步加强网络安全防护，水电站部署了入侵检测系统。该系统能够实时监测网络流量和行为，并识别出异常流量和潜在的攻击行为。一旦发现异常情况，入侵检测系统会立即发出警报并采取相应的防御措施，如封锁攻击源 IP 地址或阻断异常流量。

三、效果评估

通过系统性安全改造，该水电站构建起"主动防御—动态响应—持续优化"的安全生态，实现安全效能质的突破。在网络隔离方面，工控网络与办公网的物理隔离成功经受住实战考验。在某次勒索软件攻击中，入侵者在突破办公网后试图横向渗透至控制核心区，工业防火墙精准识别异常连接请求并触发熔断机制，将攻击遏制在隔离区外，保障了发电机组持续运行。设备更新策略成效显著，通过建立漏洞修复闭环机制，高危漏洞平均修复周期从 45 天压缩至 7 天，某 PLC 设备远程代码执行漏洞在曝光后72h内完成补丁部署，避免潜在攻击损失超200万元。权限管理体系的升级有效遏制内部风险，某次渗透测试中，攻击者窃取的普通账户因权限受限，无法执行关键控制指令，验证了最小权限原则的有效性。

安全漏洞扫描与入侵检测的协同作用尤为突出。部署的漏洞扫描系统在半年内累计发现并修复隐患点132个，某次扫描识别出老旧SCADA系统的身份验证漏洞后，安全团队48h内完成加固，阻断攻击者伪造工程师账号的入侵路径。入侵检测系统则展现出精准的威胁捕捉能力，在防洪调度期间实时拦截针对水位监测系统的DDoS攻击，通过流量清洗将服务中断时间控制在18s以内。更关键的是，系统在某次异常流量分析中捕捉到伪装成Modbus协议的恶意载荷，经解密发现其内嵌的勒索病毒代码，随即启动自动隔离机制，全过程未影响机组功率。

改造带来的综合效益远超预期。年度网络安全事件从改造前的37起锐减至3起，非计划停机时间减少73%，相当于年增发电量450万kWh。安全运维团队通过可视化平台将威胁响应效率提升4倍，而自动化处置率的提升使人力成本降低40%。尤为重要的是，电站以96.5分通过等保2.0三级认证，并形成包含23个标准流程的安全管理体系，为后续智能化升级奠定了坚实基础。当三维态势感知大屏实时跳动着攻防态势数据，当AR巡检头盔自动预警设备异常，这座拥有60年历史的水电站，正以数字化安全体系重塑水电行业的新标杆。

（一）安全漏洞扫描效果评估

水电站进行了安全漏洞扫描后，及时修复了系统中存在的安全漏洞，有效提升了网络系统的安全性。评估结果显示，在实施安全漏洞修复后，系统的漏洞数量明显减少，安全隐患得到了有效控制。此外，通过对修复后系统的漏洞再次扫描，发现修复措施的有效性得到了验证，系统的整体安全性得到了显著提升。

（二）入侵检测系统效果评估

水电站部署了入侵检测系统后，成功地发现并阻止了网络中的异常流量和攻击行为。评估结果显示，入侵检测系统能够及时发现各类安全威胁，并采取相应的防御措施，有效保护了网络系统的安全。通过对入侵检测系统的日志和报警进行分析，发现系统成功拦截了多次潜在的攻击，保障了网络系统的稳定运行，确保了水电站的生产正常进行。

（三）持续监控效果评估

持续监控水电站网络流量、设备运行状态。评估结果显示，监控系统能够及时发现系统中的异常情况，并及时采取相应的应对措施，保障了网络系统的安全。通过对监控系统的日志和报警进行分析，发现系统成功地发现了多次潜在的安全威胁，并及时应对，确保了网络系统的稳定运行和安全性。

第四节 生 态 环 境 监 测

在某地区存在着多个中小型水电站，这些水电站的建设和运营对周边生态环境可能带来一定程度的影响。随着社会发展和环保意识的提高，对水电站对生态环境的影响越来越受到关注。

基于数字技术的生态环境监测在当前社会具有重要意义，主要体现在精准监测与预警、科学评估与决策支持、信息公开与社会参与以及数字化转型与管理效率提升等方面。数字技术通过传感器和物联网技术实现实时、精准的环境数据采集和远程监控，有效发现环境异常变化并提供预警信息，帮助及早采取应对措施。同时，大数据分析和数学模型的应用使得生态环境评估更加科学、客观，为政府和企业提供决策支持，优化环境保护政策。此外，数字技术提高了生态监测的透明度，促进了信息公开，增强了公众的环境保护意识和社会参与。在推动数字化转型的过程中，数字化监测设备和数据处理系统提升了工作效率，降低了成本。以此为基础，多个中小型水电站通过建立这一生态环境监测与评估体系，能够精准监测水电站周边生态环境变化，提供科学依据，推动水电站向数字化管理模式转型，实现可持续发展和生态环境保护。

一、基于数字技术的生态环境监测方案分析

传统水电站生态环境监测多依赖人工抽样与定期巡查，存在监测盲区大、响应滞后等短板。某流域梯级水电站群曾面临典型困境：鱼类洄游通道监测每月仅开展1次人工观测，无法捕捉瞬时水流变化对鱼道通过率的影响；水质监测点布设间距超5km，难以定位污染源头；陆生生态调查依赖季度性样方统计，生物多样性变化趋势研判偏差率达35%。数字化转型为此提供了破局路径——通过构建"空天地水"一体化感知网络，实现生态要素的全域、全时、全息监测。该方案依托水下声呐阵列实时追踪鱼类活动轨迹，岸基多光谱相机每15min采集一次植被覆盖数据，并结合水文传感器网络动态监测溶解氧、浊度等12项水质参数。在数据融合层面，搭建流域级生态数字孪生平台，集成气象、地质、生物等多源数据，通过机器学习模型预测水电调度对下游河段生态基流的影响，最后结合机器人巡检将观测频率提升至一天一次，极大保证数据实时性。

二、转型措施

（一）数字化监测设备部署

传感器部署是数字化转型的第一步，数字化监测设备部署全面升级传统观测模式。水电站沿库区岸线、水下关键点位及生态敏感区布设智能传感网络，形成立体化监测覆盖。在鱼类洄游通道，水下声呐阵列替代人工目视观测，实现鱼群活动轨迹24h连续追踪；水质监测点密度从每5km1个提升至每500m1个，搭配浊度、溶解氧等参数实时回传，某

次成功捕捉到上游支流农业面源污染事件，较传统方法提前 3 天发出预警。消力池、拦污栅等高风险区域加装振动与影像复合传感器，通过边缘计算识别漂浮物堆积趋势，指导清污作业效率提升 60%。

（二）数字孪生平台搭建

根据生态环境的实时数据，则可以通过数学建模搭建仿真环境。数字孪生平台的搭建重构了生态管理范式。通过融合气象卫星数据、水文传感器网络及生态监测结果，构建流域级三维动态模型。平台可模拟不同发电工况下的生态影响。例如某次防洪调度期间，系统预测下游河段生态基流可能低于临界值，自动生成"分时段阶梯式放流"方案，既保障机组发电收益，又使目标河段溶解氧浓度稳定在 5mg/L 以上，成功守护鱼类产卵环境。决策者通过可视化界面直观观测水电开发与生态保护的平衡点，将经验主导的粗放管理转为数据驱动的精准调控。

（三）机器人定时巡检

配合机器人定时巡检，在人工难以抵达的涵洞、压力管道等区域，轨道式巡检机器人每日自动巡查，搭载的多光谱成像仪可识别水体富营养化早期征兆。某次例行巡检中，机器人发现消力池边缘存在异常泡沫集聚，经溯源排查为润滑油渗漏，及时处置避免了油污扩散对下游水生昆虫群落的破坏。相较于传统人工巡检每周 1 次的频率，机器人系统实现重点区域每日 3 次覆盖，异常事件平均响应时间从 48h 压缩至 4h，让生态保护从"被动应对"转向"主动防护"。

三、效果评估

数字化监测体系的落地，使水电站生态管理从"模糊感知"迈入"精准调控"新阶段。通过全域感知网络建设，库区水质异常识别时间从传统人工巡查的 48h 缩短至 15min，某次上游支流突发污染物泄漏事件中，系统提前 2h 预警，为下游鱼类保护区赢得应急响应窗口，避免大规模死鱼事故。鱼类洄游通道监测数据显示，声呐阵列的持续观测使鱼道通过率提升 42%，尤其对夜间洄游的中华鲟等珍稀物种活动规律有了突破性认知，据此优化的生态流量调度方案，使目标物种产卵成功率提高至 78%。

数字孪生平台的应用显著提升了决策科学性。在近三年防洪调度中，平台生成的生态友好型放流方案，累计减少发电损失超 800 万 kWh，同时保障下游河段溶解氧、水温等 8 项生态指标全年达标。某次枯水期调度争议中，平台通过模拟不同放流策略的生态与经济影响，最终确定的"脉冲式放流"方案，在发电收益仅降低 3% 的情况下，使目标河段鱼类栖息地面积扩大 1.2 倍，成功化解环保部门与运营方的分歧。

机器人巡检技术的引入重构了高危区域管理模式。消力池、压力管道等传统监测盲区的异常事件发现率从 35% 提升至 92%，某次巡检机器人提前 6h 识别拦污栅异常振动，及时预警避免了栅体断裂可能引发的生态灾难。整体运维成本同比下降 28%，而生态事件平均处置时效提升 4 倍，库区周边植被覆盖率三年间增长 15%，鸟类种群数量监测数据显示生物多样性指数提升 0.38。

第五节　资 源 智 能 调 度

随着信息技术的迅速发展和应用，资源智能调度作为资源管理领域的新兴理论与实践，逐渐成为各行业优化资源配置、提升效率的重要手段。在能源领域，特别是水电站群这样复杂的能源系统中，资源智能调度愈发显得重要。

一、水电站群资源智能调度策略分析

某流域梯级开发的 7 座中型水电站长期面临"各自为政"的运营困局：上游电站为追求发电效益满负荷运行，导致下游电站频繁遭遇来水突变；防洪调度指令传递滞后，2022 年主汛期因跨站协调失效造成 2.3

亿 m³ 无效弃水；生态流量管理缺乏统一标准，下游河段出现"脉冲式放流"叠加效应，导致鱼类栖息地持续退化。深层次矛盾源于三大约束——数据孤岛使流域水文信息割裂，传统人工协商机制难以应对分钟级调度需求，单一电站效益最大化的目标导向与流域整体效能优化存在根本冲突。数字化转型为破解这些难题提供了新路径：通过构建"感知—决策—执行"全链条智能系统，实现水电站群之间协同作业优化，各个水电站之间信息互通，资源智能调度，实现整个站群的协同运行。

二、转型措施

（一）智能协同调度框架

构建全域联动的"数字神经"。针对水电站群数据割裂、响应滞后的核心问题，开发流域级智能协同调度框架。该框架打通 7 座水电站的 SCADA 系统、水文监测站及电网调度平台，实现水位、流量、机组状态等 28 类数据的毫秒级同步。在数据融合层，首创"动态数字镜像"技术，将分散的电站运行数据映射为统一的流域三维模型。2023 年跨省电力调峰任务中，框架实时感知上游电站泄洪动态，下游 3 座电站提前调整机组出力，将传统模式下因来水量突变导致的弃水从 5800 万 m³ 压缩至 120 万 m³，节水发电效益突破 2100 万元。生态约束模块的嵌入更显创新价值，框架自动识别下游珍稀鱼类产卵期，联动调节梯级电站放流节奏，使目标河段流速波动控制在 ±0.1m/s 安全区间，破解了生态保护与发电调度的刚性冲突。

（二）资源智能调度算法

重塑多目标优化的决策范式。基于深度强化学习开发混合整数规划算法，构建防洪、发电、生态、设备损耗的四维优化模型。算法突破传统线性规划的局限，可在 15min 内生成 72h 滚动调度方案，同步平衡电网负荷需求与机组健康状态。在某次流域暴雨应急调度中，算法创新提出"错峰蓄洪—分级补偿"策略：上游电站优先蓄洪削峰，中游电站在洪峰间隙抢发电量，下游电站通过反向调节补偿生态流量。这一策略使防洪库容利用率提高 27%，流域总发电量逆势增长 9%，同时保障下游生态流量达标率 98%。更具突破性的是算法具备自主进化能力，通过持续学习历史调度数据，其方案接受率从初期的 73% 提升至 92%，2024 年枯水期某次优化方案甚至超越专家经验，通过动态调整脉冲放流频率，在生态保护目标达成前提下，使日均发电量增加 14%。

三、效果评估

智能协同框架与调度算法的深度耦合，推动水电站群运营效能实现历史性跨越。流域级调度精度与响应速度的突破性提升，使 72h 径流预测误差从 18% 压缩至 5%，2024 年主汛期成功化解 3 次流域性洪水威胁，减少经济损失超 1.2 亿元，防洪调度从"被动抢险"转向"主动防控"。经济效益与生态效益的协同释放尤为显著，年度总发电量提升 13.6% 的同时，下游河道生态流量达标率稳定在 97% 以上，某濒危鱼类产卵场监测数据显示，适宜水文条件持续时间延长 28 天，幼鱼存活率提高 42%，真正实现了"多发电"与"护生态"的双向奔赴。

典型案例印证了系统化协同的深远价值：在应对台风"海神"引发的流域暴雨时，智能框架实时整合气象、水文、电网等多源数据，算法引擎在 48h 内完成"防洪—蓄能—生态"三次动态策略切换。上游电站提前 12h 预泄腾库，中游电站抢发低价电时段电量，下游电站精准释放生态补偿流量，最终保障防洪安全的同时多蓄水资源 1.8 亿 m^3，为后续抗旱储备战略水源。经第三方测算，该协同体系使流域水电综合效能指数提升 39%，碳减排效益相当于新增 5.2 亿 m^2 森林碳汇。当 7 座电站的运行数据在数字孪生平台上如交响乐般和谐流转，这一实践不仅创造了可观的经济价值，更重塑了大型水电集群"既服务电网，又反哺生态"的可持续发展范式。

第六节　人才培养体系建设案例

随着数字化转型的不断推进，水电站在提高管理效率、优化运营水平和推动可持续发展方面面临着前所未有的机遇和挑战。物联网、人工智能、大数据等先进技术成为水电站数字化转型的核心驱动力，这要求水电站不仅在技术上进行革新，还需要具备与之匹配的人才支持。在这一背景下，数字化水电站的人才培养显得尤为重要。首先，信息技术人才的需求大幅增加，尤其是精通物联网、人工智能和大数据的专业人员，他们将负责设备智能连接、预测性维护及数据分析等关键任务。其次，随着水电站产生的数据量急剧增加，数据分析专家的需求也随之增长，这些人才需要具备数据挖掘、统计分析和机器学习等技能，以从海量数据中提取有价值的信息，支持决策与优化。此外，自动化控制专家的需求也在增加，他们负责设计和维护自动化控制系统，确保水电站设备的稳定运行和高效管理。同时，数字化转型的复杂性要求跨学科人才的加入，这些人才需具备工程技术、信息技术以及管理学等多方面的知识，能够协调各领域工作，推动转型项目的顺利进行。因此，培养具有专业技术和跨学科背景的人才，已成为推动水电站数字化转型的关键所在。

一、数字化转型下的人才需求变化分析

位于偏远地区的某中小型水电站，作为当地重要的能源供应商，面临着市场竞争日益激烈和运营成本持续上升的挑战。为了提高运营效率、降低成本，并更好地适应市场变化，该水电站决定进行数字化转型。然而，由于地理位置偏远、人才资源匮乏的现实情况，数字化转型的成功实施对于有针对性地培养和引入相应领域的人才提出了迫切需求。在这样的背景下，水电站需要制订有效的人才培养和引入计划，以支撑数字化转型项目的顺利实施和持续发展。

数字化转型重构了水电站人才能力图谱，推动人才需求从单一技能

向复合能力跃迁。信息技术人才成为核心支撑，需精通物联网系统设计与部署，掌握边缘计算、5G 通信等关键技术，能够构建全域感知网络；同时需驾驭人工智能算法，将深度学习、机器视觉应用于设备预测性维护，某电站通过部署 IT 工程师开发的智能诊断模型，使机组故障识别准确率提升至 97%。数据分析专家则扮演"数据炼金师"角色，不仅要熟练运用 Python、Spark 等工具处理海量时序数据，更要具备水利工程与电力系统的跨领域认知，某流域通过数据分析团队构建的水电耦合优化模型，年增发电收益超 1600 万元。自动化控制专家的技能边界持续拓展，除传统 PLC 编程能力外，还需掌握工业互联网平台集成技术，某改造项目通过控制工程师设计的 SCADA 与 MES 系统双向通信协议，实现电站响应电网调频指令的速度提升 4 倍。

更具战略价值的是跨学科人才的崛起，这类人才兼具工程思维与数字素养，能穿透专业壁垒实现技术融合。在某梯级电站群协同调度项目中，系统架构师既通晓水轮机特性曲线，又掌握强化学习算法原理，主导开发的智能调度系统使流域总效益提升 22%。数字化转型本质上是一场知识重构革命，当掌握 Modbus 协议的工程师开始讨论 LSTM 神经网络参数优化，当数据分析师用流体力学原理解读传感器异常数据，这种能力的跨界融合正在重塑水电行业的人才生态，为可持续发展注入创新动能。

二、转型措施

在中小型水电站的数字化转型中，数字化人才培养体系的建设至关重要，它对于项目的成功实施和未来发展具有重要意义。

首先，数字化人才培养体系建设是数字化转型的基石之一。随着信息技术的飞速发展，数字化转型已经成为中小型水电站提升运营效率、降低成本、提高竞争力的重要手段。而数字化转型所涉及的物联网、大数据分析、自动化控制等领域，对于水电站来说都是新的挑战和机遇。

因此，通过建设完善的数字化人才培养体系，能够为水电站输送符合数字化转型需求的人才，为数字化转型的顺利实施提供人力保障。其次，数字化人才培养体系建设可以提升员工的数字化转型能力。在数字化转型的过程中，员工的数字化技能水平直接影响着项目的进展和成效。通过定期的培训和学习，员工们可以掌握最新的数字化技术和工具，提升数据分析、自动化控制等方面的能力，更好地适应数字化转型的需求。这不仅能够提高员工的工作效率和质量，还可以增强员工的职业发展前景，激发员工的工作积极性和创造力。最后，数字化人才培养体系建设有助于提高水电站的竞争力和可持续发展能力。随着数字化技术的普及和应用同时具备了数字化转型所需的人才和技能，水电站可以更好地应对市场变化，提高运营效率和服务质量，降低成本，增强市场竞争力。与此同时，数字化转型还可以为水电站带来更多的商业机会和发展空间，推动企业不断创新和发展，实现可持续发展的目标。因此，数字化人才培养体系建设对于水电站的未来发展至关重要，是中小型水电站数字化转型中不可或缺的一环。

某中小型水电站，由于市场竞争日益激烈和技术水平相对滞后，面临着运营效率低下和成本控制困难的挑战。随着信息技术的不断发展和应用，该水电站意识到数字化转型的重要性，决定通过引入先进的数字化技术和提升员工的数字化能力来提高运营效率、降低成本，并更好地适应市场变化。然而，由于缺乏相关的数字化人才和技术支持，水电站面临着数字化转型的困难和挑战。因此，建设一个完善的数字化人才培养体系成为了水电站数字化转型的关键之一，实施的方法如下。

（一）内部培训计划

在中小型水电站进行数字化转型的过程中，制订内部培训计划是关键的一步。这样的培训计划将有助于提升现有员工的数字化技能，使他们能够更好地适应数字化转型的需求并将新技术应用于实际工作中。

第一，水电站可以通过内部调研和需求分析确定内部培训的重点和内容。例如，在水电站的数字化转型案例中，可能发现现有员工在物联网、数据分析和自动化控制等领域的知识和技能较为欠缺。因此，培训计划应该覆盖这些关键领域，并且根据员工的实际需求和水平制订不同层次的培训内容。第二，水电站可以安排定期的培训课程，邀请专业人士或外部培训机构进行现场教学或在线培训。这样的培训形式可以帮助员工们深入了解数字化技术的最新发展和应用，并且学习到实际操作的技巧和方法。例如，可以邀请专业的数据分析师进行数据分析技术的培训，或者邀请自动化控制领域的专家进行自动化控制系统的培训。第三，水电站还可以建立内部学习平台或在线教育平台，为员工提供更灵活的学习方式。通过这样的平台，员工可以随时随地进行数字化技能的学习和培训，并且可以根据自己的学习进度和兴趣选择相应的课程和内容。这样的学习平台可以帮助员工更好地融入数字化转型的学习氛围中，提升学习效果和成果。

（二）与高校合作

与附近高校合作开展数字化转型课程对于中小型水电站是一种重要而有效的培养人才的方式。通过与高校合作，水电站可以引入新鲜的毕业生，他们通常具有最新的知识和技能，能够为数字化转型注入新的活力和创新思维。

第一，水电站可以与高校合作开设相关的数字化转型课程。这些课程可以涵盖物联网、数据分析、自动化控制等领域的知识和技能，针对数字化转型的需求进行定制。例如，在某水电站的案例中，该站与附近的工程院校合作开设了一门名为"数字化水电站运维管理"的专业课程。这门课程旨在帮助学生了解水电站的运营管理，并介绍如何利用数字化技术提高运营效率和管理水电站。第二，水电站与高校合作开展实践项目或提供实习机会，让学生在实际工作中学习并应用数字化技术。例如，在某水电站的案例中，该站与当地一所高校合作，开展了一项数字化转型实践项目。在这个项目中，学生们与水电站的工程师团队合作，共同分析了水电站的运营数据，并提出了一些建议和解决方案。通过这样的实践项目，学生们不仅学到了理论知识，还获得了实际操作的经验，为将来的就业和数字化转型做好了准备。第三，水电站还可以通过高校合作招聘到具有相关专业背景的毕业生，为数字化转型项目提供人才支持。例如，在某水电站的案例中，该站与附近的高校合作，通过校园招聘会等方式吸引了一批具有电气工程、信息技术等专业背景的毕业生加入数字化转型团队。这些毕业生在数字化转型项目中发挥了重要作用，带来了新鲜的视角和创新的想法，为项目的顺利实施提供了强大的人才支持。

（三）引进外部专业人才

在数字化转型的过程中，中小型水电站可以通过引进外部专业人才的方式，获得数字化转型领域的专业知识和技能，从而为项目的顺利实施提供指导和支持。

第一，水电站可以通过招聘的方式引进具有吩咐经验的外部专业人才。这些人才通常在数字化转型领域拥有专业知识和技能，能够为水电站提供宝贵的指导和建议。例如，在某水电站的案例中，该站招聘了一位具有多年数字化转型经验的高级顾问。这位顾问通过深入了解水电站的现状和需求，制订了详细的数字化转型规划，并提供了专业的指导和支持，帮助水电站顺利实施数字化转型项目。第二，水电站还可以通过与技术公司或服务提供商合作的方式引进外部专业人才。这样的合作可以为水电站提供更全面的技术支持和解决方案。例如，在某水电站的案例中，该站与一家专业的数字化转型服务提供商合作，共同推动数字化转型项目的实施。这家服务提供商派遣了一支由专业工程师和技术人员组成的团队，为水电站提供定制化的解决方案和技术支持，帮助水电站克服数字化转型中遇到的各种挑战。通过引进外部专业人才，水电站能够充分利用外部资源，获取专业的知识和技能，为数字化转型项目提供必要的支持和保障。这种方式不仅可以加速数字化转型项目的实施，还可以提高项目的成功率和效果，促进水电站的可持续发展。

（四）新型绩效评估体系

数字化转型推动水电站建立"学员—员工—项目"三重评估体系，实现人才培养效果的全维度透视。在学员层面，构建课堂参与度（提问频次、案例讨论贡献率）、作业完成质量（数据分析报告完整性、控制系统设计合规性）与考试成绩（物联网原理掌握度、算法应用准确率）的三角评估模型，某电站通过分析学员在虚拟电厂仿真系统中的操作日志，发现课堂互动活跃度高于 60% 的学员在结业考试中通过率提升 42%。员工能力评估突出实战转化价值，采用技能测评（数据分析师参与省级数字技能竞赛获奖率）与工作实践考核（预测性维护模型部署时效、故障诊断准确率提升幅度）双轨验证，某工程师因优化 SCADA 系统通信协议使设备响应速度提升 3 倍，获评"数字转型先锋"。项目绩效评估聚焦业务价值创造，通过对比转型前后关键指标（如某电站机组自动化率从58% 提升至 89% 带来的年节能量 1200 万 kWh，设备预测性维护系统降低故障停机时长 67% 节约维护成本 280 万元）以及智能调度算法使生态放流精准度达 98% 带来的鱼类种群数量回升——形成"技术投入—效益产出"的可视化映射链。这种评估体系将个人成长、团队能力与项目成效深度耦合，让每个传感器数据波动都折射出人才育成的质量刻度。

三、效果评估

通过构建多维联动的数字化人才培养体系，水电站实现人才能力跃升与业务效益增长的深度耦合。在学员培养层面，虚拟电厂仿真系统与三维评估模型的应用使培训实效显著提升。

某电站 2023 年参训学员的故障诊断模拟实操准确率达 92%，较传统培训模式提升 57%，课堂互动活跃度高于 60% 的学员中，87% 在半年内成为数字化转型项目骨干。与高校合作的"产学研"模式释放出创新动能，某联合开发的水轮机振动分析算法被工程团队转化为预测性维护模块，使机组非计划停机时长缩短43%，年节约维护成本超180万元，校企联合培养的32名毕业生中，有24人在入职首年即主导完成SCADA系统通信协议优化等关键技术攻关。

新型绩效评估体系驱动人才价值显性化，通过"数字徽章—业务仪表盘"的双轨评估机制，某工程师团队开发的智能调度算法使流域弃水率从15%降至2.3%，该成果直接转化为人才档案中的"年度价值创造金奖"，并与个人晋升体系挂钩。更深远的影响体现在组织能力进化层面：通过引进的外部专家与内部培养的"数字工匠"深度融合，电站形成18个跨专业敏捷小组，其中设备健康管理小组构建的PHM（预测与健康管理）系统，使主变压器故障预警准确率提升至96%，相关经验沉淀为可复用的知识资产库，累计产生23项技术标准与9个专利。当数字人才生态与业务价值创造形成正向循环，这座曾经面临技术断层危机的老电站，正以人才驱动的新质生产力突破增长瓶颈。2024年运营数据显示，单位电量人力成本下降38%，而数字化项目贡献的收益占比已达总营收的29%，人才育成与业务发展真正实现了同频共振。

第六章

中小型水电站数字化转型的前景展望

　　随着全球能源结构的转型与可持续发展的推动，中小型水电站的数字化转型已成为提升其运营效率、减少碳排放、提高经济效益的重要路径。数字化转型不仅为水电站提供了更精准的监控、实时数据分析和智能化决策支持，还有效增强了对环境变化的适应能力，提高了系统的可靠性与安全性。未来，随着物联网、大数据、人工智能及区块链等前沿技术的不断发展，中小型水电站的数字化转型将迈向更高水平。通过集成多项创新技术，水电站将实现全方位的数据驱动运营，进一步推动绿色低碳能源的发展。在这一过程中，中小型水电站不仅能够提升管理能力，还能够实现更智能的电网参与，更好地融入智能电力系统和绿色能源市场。

第一节　区域水电集群管理

一、区域水电集群管理的必要性

　　区域水电集群管理通过整合多个中小型水电站的资源和数据，能够显著提升整体管理的效率与效益。传统的单站管理模式通常面临信息孤岛、数据分散、管理不协调等问题，导致水电站运营效率低下，资源浪费严重。通过集群管理，各水电站之间可以实现数据共享与信息互通，调度中心可以根据实时数据对各个电站的运行状态进行监控与调度，从而优化发电流程，最大限度地提高发电效率。此外，集群管理还可以通过集中维护和统一的管理标准，降低运营成本，提高经济效益，实现对整个区域电力资源的最优配置。

在区域水电集群管理模式下，所有的水电站都能够纳入统一的安全管理体系，形成一个强大的防护网络。这种集中化的管理模式能够更好地识别和应对潜在的风险，尤其是在极端天气或自然灾害发生时，集群管理可以通过远程监控和实时数据分析，及时采取应急措施，确保水电站的安全运行。通过集群管理，各水电站之间还可以实现资源互补和应急互助，比如当某一电站出现故障时，其他电站可以通过协同调度来保障区域内电力供应的稳定性，从而大大提升整个系统的可靠性。

区域水电集群管理能够有效整合和优化水资源的利用。不同水电站所在的地理位置、气候条件和水文特征各不相同，通过集群管理，可以在区域范围内对水资源进行科学调配，合理利用丰水期与枯水期的差异，实现水资源的高效利用。此外，集群管理还可以促进水电站与其他可再生能源的协同发展，如风电、光伏等，实现多种能源形式的互补和优化利用，这不仅有助于提高整体能源供应的稳定性，还能推动区域内可再生能源的可持续发展，减少对化石能源的依赖，降低碳排放，助力实现碳中和目标。

随着电力市场的不断发展和技术的快速迭代，单一水电站的运营模式越来越难以适应市场的变化和技术的挑战。区域水电集群管理能够通过引入先进的数字化技术，如大数据分析、人工智能和物联网，实现对市场需求的快速响应和对技术进步的灵活适应。集群管理下，电站间的协调与配合能够更好地满足市场对电力灵活性和稳定性的要求，提升水电在市场中的竞争力。同时，通过集群管理，可以集中力量进行技术创新和升级，推动水电站数字化转型，提高整体管理水平，以应对未来可能出现的市场波动和技术挑战。

区域水电集群管理不仅有助于提高水电站的运营效率和经济效益，还能带动区域经济的发展。通过集群管理，水电站能够与当地的电力需求和经济发展更加紧密地结合，提供稳定可靠的电力供应，支持区域内工业、农业和服务业的发展，创造更多的就业机会。同时，集群管理可以促进资源的公平分配，缩小区域间的发展差距，提升社会整体福祉。此外，水电站的集群化管理还可以减少对生态环境的破坏，通过科学规划与管理，实现生态保护与经济发展的双赢，助力构建绿色生态文明。

二、数字化技术在区域水电集群管理中的潜在应用

智能感知与监控技术的应用为区域水电集群管理提供了强大的技术支撑。通过部署物联网（物联网技术）传感器、智能摄像头和远程监控系统，水电站能够实时感知和采集大量与设备运行、环境状态相关的数据。这些数据包括水位、流速、温度、压力、设备振动等关键参数，能够帮助管理人员对水电站的运行状态进行全方位的监控。传统的水电站监控方式往往依赖人工巡检和定期维护，无法及时获取和处理关键数据，导致潜在问题无法早期发现。而智能感知技术的引入，使得水电站的各项运行参数能够实时呈现，通过大数据分析与人工智能算法，管理人员可以在问题初露端倪时就做出反应，避免小故障演变成大问题，从而极大地提高了设备的运行安全性和稳定性。

此外，智能感知与监控技术不仅能够提供实时数据，还能通过历史数据的积累与分析，帮助管理者做出更科学的决策。例如，通过对长期运行数据的分析，可以识别出设备的老化趋势和潜在的故障点，进而制订出更加合理的维护计划，减少设备的非计划停机时间。此外，智能监控系统还能通过对环境和运行条件的综合分析，优化水电站的运行策略，实现能效的最大化。这种基于数据驱动的管理方式，不仅可以提高水电站的整体运行效率，还能有效降低运营成本，为区域水电集群的可持续

发展提供坚实的保障。智能感知与监控技术的应用，使得水电站的管理从传统的被动维护向主动预防转变，为水电站的现代化、智能化管理奠定了基础。

智能决策与优化调度是区域水电集群管理中的核心环节，通过引入先进的大数据分析和人工智能技术，实现对水电站运行的精确控制和资源的最优配置。传统的调度方式往往依赖经验和固定的规则，难以应对复杂多变的水文条件和电力需求。然而，在智能决策系统的支持下，调度中心可以实时获取各水电站的运行数据、气象信息和电力需求变化，并通过人工智能算法对这些数据进行分析和处理，生成最优的调度方案。这些方案可以动态调整各个水电站的发电量和运行模式，实现水资源的高效利用和电力输出的稳定性，避免因水量过剩或不足而导致的发电浪费或电力短缺，从而最大限度地提高集群内水电站的整体效益。

智能调度不仅在短期内优化水电站的运行，还可以在长期规划中发挥重要作用。通过对历史数据的深度学习和分析，智能决策系统可以预测未来可能的水文变化和电力需求趋势，从而制订出更为科学的长远调度计划。例如，在丰水期，可以通过合理调度，蓄积水资源以备枯水期使用；在电力需求高峰期，通过协调多个电站的发电能力，确保电力供应的稳定性。此外，智能调度系统还能够在异常情况或紧急情况下迅速做出响应，通过自动调整发电策略，保障系统的安全运行。这种基于智能决策的优化调度，不仅提高了水电站的管理效率，还增强了整个区域电力系统的灵活性和适应性，为应对未来的不确定性提供了有力支持。

协同管理与资源共享是区域水电集群管理实现高效运营的关键所在。通过将多个水电站纳入统一的管理平台，集群内的各个电站可以实现信息和资源的无缝对接与共享，从而打破传统管理中存在的信息孤岛现象。通过协同管理，各水电站之间能够共享实时数据、运行状态、维护信息等关键资源，调度中心可以基于这些综合数据进行全局优化调度，确保区域内电力供应的平衡和稳定。此外，协同管理还促进了设备和人员的合理调配，避免资源的重复投入和浪费。比如，当一个水电站需要进行设备检修时，其他电站可以根据实际情况进行资源调度与支援，确保整个区域电力系统的连续性和稳定性。这种资源共享的管理模式不仅提高了运营效率，还显著降低了运营成本，为区域水电集群的可持续发展提供了坚实的基础。

在协同管理与资源共享的框架下，不仅限于电站内部资源的优化，还可以扩展到整个区域内多种能源形式的协同利用。区域内的水电站可以与其他可再生能源发电设施（如风电、光伏）实现资源的互补与共享，通过集成管理平台，调度中心能够根据实时的气候条件和能源供需情况，灵活调度不同类型的发电资源。这种协同管理的模式，可以充分发挥各类可再生能源的优势，减少对单一能源形式的依赖，提高整个能源系统的稳定性和弹性。此外，通过区域内水电与其他能源形式的协同管理，还能够推动整个电力系统的绿色转型与可持续发展，助力实现区域内的碳中和目标。这种基于资源共享和协同管理的模式，为未来的智能电网建设提供了宝贵的实践经验和创新思路。

安全与可靠性保障是区域水电集群管理的核心要务，直接关系到电力系统的稳定运行和社会的正常供电。通过数字化和智能化技术的应用，区域水电集群能够建立起一套高度集成的安全监控与管理体系。该体系通过在各水电站部署先进的传感器和监控设备，实现对设备运行状态和环境条件的实时监控。数据通过物联网技术汇集到中央控制平台，管理人员可以实时掌握各个电站的运行状况，及时发现并处理潜在的风险。例如，通过振动监测、温度感知等手段，可以提前预警设备可能出现的故障，从而进行预防性维护，避免因设备故障导致的突发停电或事故。此外，智能化的安全监控系统还能够通过大数据分析和人工智能算法，预测可能出现的极端天气或自然灾害对水电站的影响，并提前制订应急预案，确保在突发情况下，系统能够快速响应，保障电力供应的连续性和稳定性。

除了对单个水电站的安全保障，区域水电集群的安全管理还体现在对整个系统的协同防护能力上。在集群管理模式下，各个水电站之间形成了一个紧密的安全协作网络，能够在出现安全事件时进行联动响应。例如，当某一电站因突发事件无法继续发电时，其他电站可以通过集群调度系统迅速增加发电量，弥补电力缺口，避免区域内出现大面积停电。同时，通过智能调度系统，可以在电力需求高峰期或紧急状况下，自动调整电站的发电策略，确保电网的稳定性。此外，区域水电集群还能够通过数字化技术不断升级安全防护措施，如应用区块链技术进行数据加密和保护，防止网络攻击对系统造成破坏。这种多层次、多维度的安全与可靠性保障体系，使得区域水电集群不仅能够高效运行，还能够在复杂多变的环境中保持稳定，为区域能源的安全供应提供了坚实的保障。

三、数字化技术在区域水电集群管理中的前景

数字化技术在区域水电集群管理中的应用，将极大地提升管理效率并降低运营成本。通过数字化手段，各水电站的运行数据、环境监测数据和市场需求数据可以实时汇总到一个集中的管理平台，这使得管理者能够对整个集群的运行情况一目了然，迅速做出决策。传统管理模式中，数据分散、信息滞后往往导致响应速度慢，资源配置不合理，进而影响电力生产效率和增加运营成本。数字化技术的引入，使得远程监控、智能调度和自动化操作成为可能，减少了人工操作和现场巡检的需要，从而降低了人力和维护成本。同时，通过优化资源调配和运行策略，水电站能够以更低的成本实现更高的产能，为区域经济发展提供稳定且经济的电力供应。

随着全球对可持续发展的关注日益增加，数字化技术在推动区域水电集群管理的绿色转型中发挥着至关重要的作用。数字化技术能够实现

水电站与其他可再生能源的高效协同，通过智能调度系统，根据实时天气数据和电力需求调整发电策略，最大化利用水资源的同时，减少对环境的影响。此外，数字化管理还能帮助优化水资源的利用效率，减少水电站运行过程中对生态环境的扰动，从而保护当地的水生生态系统。通过整合水电与风能、太阳能等其他可再生能源的发电能力，区域电网能够更好地应对电力需求的波动性，实现电力供应的平衡与稳定。这种绿色、智能化的管理模式，不仅有助于减少碳排放，还为实现区域内的碳中和目标奠定了基础。

数字化技术赋予了区域水电集群更大的灵活性，使其能够快速适应不断变化的市场需求和外部环境。随着电力市场的不断开放，水电站不仅要面对季节性水资源变化，还要应对电力需求的不确定性和市场价格的波动。通过数字化技术，水电站可以实现对市场需求的精准预测，灵活调整发电计划和电力输出策略，以确保在市场中占据有利地位。此外，数字化平台的建设，使得管理者能够快速响应外部环境的变化，如突发的自然灾害或市场波动，及时调整生产和供应计划，保障电力系统的稳定性和可靠性。这种灵活性和适应能力，使得区域水电集群能够在激烈的市场竞争中保持优势，为长期稳定的发展提供有力保障。

数字化技术的不断进步，将推动区域水电集群管理的技术创新和智能化升级。随着大数据、人工智能、物联网等前沿技术在水电管理中的广泛应用，水电站的运营模式将更加智能化和自动化。例如，通过大数据分析，管理者可以更好地理解水电站运行中的复杂规律和潜在问题，从而优化调度策略，提前预防设备故障。人工智能算法的引入，将使得水电站能够自主学习和适应不同的运行环境，实现智能调度和自动化管理。此外，数字孪生技术的发展，也将为水电站的设计、建设和运营提供全新的工具，通过虚拟模型模拟真实环境中的运行状态，提前发现潜在问题并进行优化。这种技术创新与智能化升级，不仅提高了水电站的管理水平，也为区域电力系统的现代化和未来发展提供了强大的驱动力。

随着数字化技术的发展，区域水电集群管理将不仅局限于本地的资源优化，还将为区域电力系统的互联互通和全球化发展提供技术支持。通过数字化管理平台，不同区域的水电站能够实现电力和数据的互联互通，形成区域电网的智能化管理网络。这种互联互通的模式，能够提高区域间电力调度的灵活性，增强整个电力系统的稳定性和可靠性。此外，随着中国数字化水电管理技术的不断成熟，这些技术和管理经验可以在全球范围内推广和应用，特别是在"一带一路"倡议框架下，中国的水电技术将为其他发展中国家的能源开发和管理提供参考和支持。这种全球化的发展趋势，不仅有助于提升中国在国际电力市场中的竞争力，也将推动全球可再生能源的发展，助力实现全球能源转型和碳中和目标提升运营效率对于中小型水电站的可持续发展至关重要。数字化转型为水电站提供了实现远程监控、智能化管理和自动化运行的机会，从而带来了一系列运营效率的提升。

第一，数字化转型使得中小型水电站能够实现远程监控。通过智能传感器和监控设备，水电站可以实时监测设备状态、水流量、水位等关键参数。这种远程监控的实现意味着管理人员可以随时随地通过云平台或移动应用监视水电站的运行状况，不再受限于现场观测，大大提高了监控的实时性和效率。第二，数字化转型实现了智能化管理。通过数据分析和预测技术，水电站可以对实时监测到的数据进行综合分析，并预测未来的运行趋势。例如，通过分析历史数据和气象条件，可以预测未来的水流量变化情况。基于这些预测结果，水电站可以优化运营计划，合理安排水轮机的运行调度，以最大化发电效率。第三，数字化转型实现了自动化运行。通过将智能控制系统与实时监测设备相连接，水电站可以实现设备的自动化控制和运行调节。例如，智能控制系统可以根据实时监测到的水流量和水位等参数，自动调整水轮机的转速和负荷，以保持稳定的发电功率。这种自动化运行不仅提高了运营效率，还降低了人工干预的需求，减少了运营成本。

数字化转型使得中小型水电站能够实现远程监控、智能化管理和自动化运行，从而实现了运营效率的提升。通过实时监测关键参数、数据分析和预测技术的应用，水电站可以优化运营计划和设备维护，提高发电效率和资源利用率，降低运营成本，为水电站的可持续发展奠定了坚实基础。

第二节　水风光储一体化发展

一、水风光储一体化概述

水风光储一体化是指通过将水力发电、风力发电、光伏发电以及储能技术有机结合，形成一个高度协同的综合能源系统。这种系统不仅能够充分利用各类可再生能源的互补特性，还能通过储能技术实现能量的平衡和优化调度。水风光储一体化系统的核心在于实现多种能源形式的高效协同和综合利用，使得整个系统能够在不同的气候条件和电力需求变化下，保持稳定、高效地运行。数字化技术在这一过程中扮演着关键角色，通过数据分析、智能控制、实时监测等手段，使得各类能源能够实现最优配置，最大化地发挥它们的潜力，从而推动整个能源系统的绿色转型与可持续发展。

水、风、光、储能技术在电力系统中各自具有不同的特点和优势，但它们之间也存在显著的互补性。水力发电具有调节能力强、输出稳定的特点，是一种可控的可再生能源，而风力发电和光伏发电则具有波动性和不可控性，受天气条件影响较大。然而，风力发电在夜间较为稳定，而光伏发电则在白天峰值时表现出色，这种时间上的互补性使得它们可以互为补充。此外，储能技术可以在电力需求低谷时储存多余的能源，在需求高峰时释放，从而平滑电力输出的波动，保障系统的稳定性和可靠性。通过水风光储一体化，电力系统能够在最大程度上利用自然资源的优势，减少化石能源的使用，提高可再生能源的利用效率，从而实现更环保、更经济的能源生产和供应。

中小型水电站在水风光储一体化中扮演着重要的基础性角色。由于中小型水电站分布广泛，具有较强的区域适应性，它们不仅能够为当地电力系统提供稳定的电源，还能够通过水库的调节功能参与电力系统的调峰调频。此外，中小型水电站与风电和光伏电站的联合运行，可以通过水电的调节特性来平衡风光电的波动性，增强整个系统的稳定性和可靠性。在水风光储一体化中，中小型水电站的数字化转型能够进一步提升其在综合能源系统中的作用，通过智能调度、实时监控和数据分析，中小型水电站可以更好地融入区域电力网络，与风电、光伏和储能系统形成有机的整体，发挥其在综合能源系统中的关键作用。

二、数字化技术在水风光储一体化中的应用

在水风光储一体化的背景下，智能调度与控制系统是确保多能源系统高效运行的核心。传统的调度方式往往依赖于静态规则和预设的运行计划，难以应对实时变化的复杂电力需求和不确定的气候条件。数字化技术通过引入实时数据监测、智能算法和自动化控制，大大提升了调度系统的灵活性和响应速度。智能调度系统能够根据实时的电力需求、气象预测数据以及各类能源资源的可用性，自动生成最优调度方案，从而在确保电力供应安全的同时，最大化可再生能源的利用率。这种智能化的调度方式不仅提高了系统的运行效率，还能有效降低电力成本，减少因传统能源使用带来的碳排放，实现更为环保的电力生产和供应。

智能调度与控制系统的成功运行依赖于数字化技术的深度应用。通过物联网（物联网技术）技术，电力系统中的各个发电站、储能装置、变电站等设备可以实现全面的数据采集和实时通信。这些数据经过处理

和分析后，能够为调度决策提供准确的参考。此外，人工智能技术的引入，使得调度系统可以自主学习和优化，不断提高调度精度和系统鲁棒性。基于数字化技术的智能调度系统可以动态调整水电、风电、光伏的功率，协调储能系统的充放电行为，以应对负荷的波动和突发情况，从而确保电力系统的稳定性和可靠性。

在水风光储一体化的能源系统中，优化算法的作用不可或缺。随着系统复杂性的增加，简单的规则和经验已经无法满足系统运行的最优需求。数字化技术通过大数据和人工智能的结合，开发出了一系列优化算法，用于解决多能源系统的调度优化、能量管理、故障预测等复杂问题。大数据技术通过收集和分析海量的历史运行数据、气象数据、负荷数据等，可以为系统提供深度的分析和预测能力。这些数据在输入人工智能模型后，能够生成精确的预测结果，并用于实时优化调度策略，从而实现系统的最优运行。

基于大数据和人工智能的优化算法不仅提升了水风光储一体化系统的效率，还增强了系统的弹性和适应性。人工智能技术能够通过对大量历史数据的学习，识别出系统运行中的潜在问题和优化空间，提出相应的改进建议。这些算法可以在短时间内处理复杂的多变量问题，如何在不同气候条件下最优地分配水、风、光、储能资源，以达到最低的运行成本和最高的能源利用效率。此外，这些算法还能够根据实时的运行数据进行自适应调整，不断修正优化模型，以应对不可预见的变化，如突发的设备故障或极端气候条件，从而确保系统的可靠性和稳定性。

随着数字化与智能化技术的不断进步，水风光储一体化系统将迈向更高的智能化水平。未来，人工智能、物联网、大数据等技术的深度融合，将使得整个能源系统实现更高程度的自动化与智能化。例如，智能电网技术的发展将使得电力系统能够更加灵活地管理能源供需关系，实现全网范围内的动态平衡与优化调度。此外，未来的智能能源管理系统将不仅限于电力生产环节，还将覆盖能源的传输、分配和消费等各个环节，通过实时数据分析与反馈机制，实现端到端的智能化管理。这些技术的进步将进一步提高能源系统的运行效率，降低成本，并且能够更好地应对气候变化带来的不确定性，为水风光储一体化系统的可持续发展提供有力支持。

三、数字化转型对水风光储一体化的推动作用

数字化转型极大地提升了水风光储一体化系统的运行效率。在传统的电力系统中，不同能源形式的调度和管理往往是独立进行的，难以实现多能源的高效协同。数字化技术通过实现各类能源系统的互联互通，打破了能源孤岛的局限，使得水电、风电、光伏发电以及储能装置可以在同一平台上进行统一调度与管理。通过智能化的调度算法，系统能够根据实时的电力需求和资源状况，灵活调整各类发电设备的运行状态，优化能源分配，从而大幅提高能源利用率，减少能源浪费。例如，当风光资源丰富时，系统可以优先利用风电和光伏发电，减少水电功率或将多余的电能存储起来；而在风光资源不足时，则可以利用储能设备和水电资源来保证电力供应的稳定性。这样的优化调度不仅提高了系统的整体运行效率，还降低了电力生产的成本。

数字化转型显著增强了水风光储一体化系统的可靠性和稳定性。多种可再生能源的并网运行，虽然提高了能源供应的多样性和环保性，但也带来了波动性和不确定性。数字化技术通过实时监控、数据分析和预测模型，使得系统能够更加精准地应对这些挑战。物联网技术的应用使得每一个发电设备、储能装置以及关键节点的运行状态都能被实时监测，任何异常情况都能够在第一时间被发现和处理。结合大数据分析，系统能够提前预测可能的故障点，并采取预防性措施，降低设备故障率和停机时间。此外，智能控制系统可以在突发情况下快速响应，如在风速骤降或光照不足的情况下，自动调整水电功率或调用储能设备，以保持系

统的稳定运行。通过这些数字化手段，水风光储一体化系统能够在复杂多变的环境中保持高水平的可靠性和稳定性，从而保障电力供应的连续性。

数字化转型为水风光储一体化的发展提供了强有力的技术支持，从而推动了可再生能源的大规模应用，助力实现能源领域的可持续发展目标。通过数字化技术的应用，水风光储一体化系统能够更加高效地利用自然资源，减少对化石能源的依赖，从而降低碳排放和环境污染。此外，数字化技术还使得能源系统能够更加灵活地适应市场需求变化和政策调整，促进绿色能源的普及与推广。通过智能调度和优化算法，系统能够在降低运营成本的同时，最大化可再生能源的利用率，提高能源供应的环保性和经济性。这不仅有助于提升能源企业的市场竞争力，也为国家实现碳中和目标贡献了力量。随着数字化转型的深入，水风光储一体化系统将进一步推动能源结构优化，促进全球范围内的绿色能源转型，助力可持续发展。

四、前景展望

随着全球能源结构的转型，水风光储一体化发展与中小型水电站的数字化转型将在未来能源发展中扮演重要角色。水风光储一体化系统通过整合水能、风能、光能与储能技术，能够充分发挥各类能源的互补性，解决可再生能源的波动性和间歇性问题，提供更加稳定和灵活的能源供应。随着储能技术的不断进步和成本的降低，这一系统将成为能源调度和分配中的重要组成部分，优化电力系统的经济性和可靠性，推动绿色能源的普及和可持续发展。

与此同时，随着数字化技术的快速发展，中小型水电站也在加速数字化转型。通过物联网、大数据、云计算和人工智能等技术的应用，水电站能够实现对设备的实时监控、智能故障诊断、自动化运维以及精准的能源调度。这不仅提升了水电站的运行效率和设备管理水平，还能通过预测性维护减少停机时间和维护成本，提高电站的安全性和经济性。数字化转型还使得水电站能够更加灵活地适应水风光储一体化系统的要求，实现能源的高效调度和资源的最优配置，促进能源系统的智能化与可持续性。

因此，水风光储一体化与中小型水电站的数字化转型将相互促进，推动能源生产、管理和调度的智能化、自动化发展。这一发展趋势不仅能够提高能源利用率，降低运营成本，还能够提升整个电力系统的稳定性、灵活性和应对突发事件的能力，为全球能源的低碳转型提供强有力的技术支持。随着相关技术的不断创新和应用，未来的能源系统将更加高效、绿色和可持续，为全球实现碳中和目标做出重要贡献。

第三节 智慧水电核心及展望

一、定义与内涵

智慧水电是指利用先进的数字化技术、自动化控制系统和智能化设备，对水电站的运行、管理和维护进行全面升级与优化，实现水电站的高效、安全、环保和可持续发展。智慧水电不仅仅是传统水电站的自动化和信息化的延续，更是通过集成物联网、大数据、人工智能、云计算、数字孪生等新兴技术，构建一个能够自主感知、自主决策和自我优化的智能化系统。

在智慧水电的概念中，核心是"智慧"二字，即通过数据驱动和智能算法的应用，赋予水电站更高层次的"智慧"。这种智慧体现在多个方面，包括对实时数据的精准监测和分析，对复杂工况的自动适应和调整，以及对未来运行状态的预判和优化。通过这些技术手段，智慧水电能够在保证安全性和可靠性的前提下，最大限度地提高发电效率，降低运营成本，减少对环境的影响。

智慧水电还强调整体性的系统集成和协同优化，不再是单一水电站的孤立升级，而是通过区域内多个水电站的协同管理，实现集群效应。借助先进的通信技术和信息平台，智慧水电能够实现跨站点的数据共享和综合调度，形成统一的管理平台，使得区域内的水资源调度、发电计划和设备维护更加高效和协调，从而提升整体的运行效益。总之，智慧水电不仅是对传统水电技术的提升，更是对未来能源管理模式的一种创新探索。它为中小型水电站的数字化转型提供了一个新的方向，使其能够在新形势下更好地发挥作用，支持能源结构的优化和绿色发展的战略目标。

二、智慧水电的价值

智慧水电通过引入先进的数字化技术，显著提升了中小型水电站的运行效率与经济效益。传统的水电站运行通常依赖人工操作和经验判断，难以做到实时优化和精细控制。而在智慧水电的框架下，水电站的各项运行数据，如水流量、水位、发电量、设备状态等，能够通过传感器实时采集并传输至中央控制系统。利用大数据分析和人工智能算法，这些数据可以被迅速处理和分析，从而对发电过程进行动态优化，最大化利用水资源的同时，减少能耗和损耗。通过智能调度系统，发电计划可以更加精准地与电网需求匹配，避免因供需不平衡导致的经济损失。同时，设备的预测性维护技术可以提前预判设备故障，避免突发性停机，减少维修成本，提高设备的使用寿命，从而进一步提高水电站的经济效益。

在中小型水电站的运行过程中，安全性和环境友好性一直是至关重要的考量因素。智慧水电通过引入物联网、智能监控、和数字孪生技术，大幅提升了水电站的安全性与环境友好性。实时监测系统能够对水库的水位变化、坝体的应力状况，以及周边环境的各类风险进行全天候监控，一旦发现异常，系统能够立即发出警报并自动采取预防措施，如调整水流量或启动应急预案，确保水电站及下游地区的安全。此外，智慧水电系统还能通过数字化技术优化水库调度，科学调控生态流量，确保下游河流生态系统的健康，减少对自然环境的扰动。结合碳排放管理技术，智慧水电还能有效减少发电过程中的碳足迹，助力水电站实现绿色发展目标。

智慧水电不仅仅聚焦于单个水电站的优化，还强调区域内中小型水电站的集群化管理和资源优化配置。通过搭建区域综合管理平台，智慧水电能够实现多座水电站之间的数据共享与协同调度，形成"1+1>2"的集群效应。例如，在枯水期，智慧水电系统可以协调区域内各个水电站的运行计划，优先保证水资源丰富的电站发电，减少整体发电量的波动。同时，在洪水期，智慧水电系统能够通过实时监测和智能调度，合理分配各水库的泄洪任务，降低洪水对下游地区的影响。集群化管理还可以通过统一的设备维护和运行优化，进一步降低管理成本，提高整体运行效率。通过这种方式，智慧水电不仅提升了个体水电站的运营效果，还实现了区域水资源的最优利用，增强了整体的供电稳定性。

智慧水电在中小型水电站数字化转型中的另一项重要价值是其在可再生能源整合与优化方面的作用。在当前能源结构转型的背景下，可再生能源的整合已经成为能源行业的重要议题。智慧水电可以通过与其他可再生能源（如风能、太阳能）的互补运行，实现区域内多种能源的协调优化。例如，在风力和太阳能发电不稳定的情况下，智慧水电系统可以根据实时气象和负荷数据，调整水电站的发电量，填补电网需求缺口，平衡电力供应。此外，智慧水电还能够支持区域能源网络的智能化调度，通过精细的负荷预测和需求响应技术，不仅提高整体能源系统的灵活性和可靠性。还能够促进可再生能源的市场化交易，推动绿色能源的广泛应用和可持续发展。

三、应用前景

智慧水电在中小型水电站的应用前景中，最为显著的一点是运行效率的全面提升。随着数字化技术的不断发展，智慧水电能够将各类先进的技术手段引入到水电站的日常运营中，实现对整个发电过程的动态监控与优化。例如，通过大数据分析和智能算法，智慧水电系统可以实时分析水流量、发电功率、设备运行状态等关键数据，并根据电网需求和水资源情况，自动调整发电计划，从而最大化发电效益。同时，智慧水电系统还可以通过预测性维护技术，提前发现和预警设备潜在的故障，减少意外停机的发生频率，降低维护成本和停机损失。这种全方位的效率提升不仅能够显著降低水电站的运营成本，还能延长设备的使用寿命，提高发电的稳定性和经济效益。

智慧水电在中小型水电站的安全运营与环境保护方面同样具有广阔的应用前景。传统的水电站在安全监控和环境保护方面往往依赖于人工监测和定期巡检，存在一定的盲区和延迟。智慧水电通过引入物联网和智能监控系统，能够实现对水电站及其周边环境的全天候、全方位监测。例如，智慧水电可以实时监测水库水位、坝体应力、地质条件等关键安全参数，一旦发现异常，系统可以立即启动预警机制，自动采取应对措施，确保水电站的安全运行。此外，在环境保护方面，智慧水电系统能够通过精确控制生态流量，保障下游河流的生态环境，同时减少水电站运行过程中对周边环境的负面影响。通过这些措施，智慧水电能够有效提升中小型水电站的安全性和环保性能，为实现绿色可持续发展目标提供坚实保障。

智慧水电在推动区域水电集群的智能化管理方面具有重要的应用前景。在中小型水电站较为密集的区域，传统的单一电站管理模式难以充分发挥整体资源的协同效应。而智慧水电通过建立区域综合管理平台，实现多个水电站之间的数据互通和协调调度，从而实现集群化管理。例如，智慧水电系统可以根据实时的水资源状况、发电需求和设备运行状态，合理分配区域内各个水电站的发电任务，优化水资源的利用效率，避免资源浪费。同时，在洪水等突发事件发生时，智慧水电系统可以通过统一调度各水库的泄洪计划，有效降低下游的洪水风险，保障区域安全。通过这种智能化的集群管理模式，智慧水电不仅提升了单个水电站的运营效率，还增强了整个区域电网的稳定性和安全性，实现了资源的最优配置。

随着全球能源结构向低碳化转型，智慧水电在支持可再生能源网络的整合与优化方面展示了广阔的应用前景。在可再生能源占比日益提升的背景下，电网对电力供应的稳定性和灵活性提出了更高的要求。智慧水电通过与风能、太阳能等其他可再生能源的协调运行，能够为电网提供稳定的调节能力。例如，在风电和光伏发电波动较大的情况下，智慧水电系统可以根据电网需求，灵活调整水电站的发电量，平衡电力供应。此外，智慧水电还可以利用数字化平台，实现区域内可再生能源的综合调度和优化配置，促进不同能源形式之间的互补与协同。这种整合与优化不仅有助于提升电力系统的整体效率，还为实现碳中和目标提供了强有力的支持。

智慧水电的应用前景还体现在推动水电站的全球化标准与技术输出上。随着智慧水电技术在中小型水电站中的不断成熟，其成功经验和技术方案可以推广到全球更多国家和地区，特别是那些水资源丰富但技术水平相对落后的发展中国家。例如，中国在智慧水电领域的技术积累和实践经验，可以为其他国家的水电开发提供参考和借鉴，推动全球水电行业的数字化转型和智慧化升级。同时，智慧水电技术的推广还可以促进全球水电站的标准化建设，提升国际合作的深度和广度，推动形成统一的行业规范和标准。这不仅有助于全球水电站的技术进步和管理优化，还为中国乃至世界的水电企业开拓国际市场提供了新的机遇。

四、面临的挑战与应对策略

智慧水电的实施虽然前景广阔，但在技术层面仍面临诸多障碍与瓶颈。首先，中小型水电站由于规模和资源的限制，在数字化改造过程中往往面临技术复杂性和实施难度的挑战。智慧水电涉及物联网、大数据、人工智能等多种先进技术的集成，这些技术的应用需要大量的数据采集、传输、存储和分析能力，而传统的中小型水电站通常缺乏相应的基础设施和技术储备。此外，设备的互联互通和系统的集成管理也面临诸多困难，不同厂家、不同类型的设备之间数据格式和通信协议不统一，导致系统集成复杂且成本高昂。同时，数字化技术的应用需要高水平的技术支持和运维能力，这对许多中小型水电站来说是一个巨大的挑战。应对这些技术障碍和瓶颈，需要在行业内加强技术标准化，推动统一的数据接口和通信协议的制订，降低系统集成的难度和成本。同时，还应加大技术培训和知识普及力度，提升水电站的技术人员对数字化技术的理解和应用能力。

智慧水电的实施需要大量的资金投入，而这对于中小型水电站来说是一个显著的挑战。中小型水电站通常资金有限，投资回报周期长，面对智慧水电的高昂初始成本，许多水电站可能望而却步。智慧水电的技术改造不仅包括硬件设备的更新和系统的部署，还涉及大量的软件开发、数据管理和技术支持，这些都需要持续的资金投入。此外，智慧水电的经济效益通常在长期运营中逐步显现，短期内难以看到显著的收益，这进一步增加了投资的风险和不确定性。因此，在资金和经济可行性方面，智慧水电的推广面临较大挑战。为应对这一挑战，可以通过政策支持、融资渠道拓展和 PPP 模式等方式，减轻中小型水电站的资金压力。例如，政府可以提供专项补贴或税收优惠，鼓励水电站进行数字化改造；金融机构可以推出专门针对智慧水电的贷款产品，提供低息融资支持；企业还可以通过引入社会资本，开展合作共建智慧水电项目，共享收益和风险。

智慧水电的实施依赖于高水平的技术人才，而中小型水电站在这方面普遍存在人才短缺的问题。智慧水电涉及多学科交叉的知识，包括电力工程、信息技术、数据科学、人工智能等领域，这对技术人员的知识结构和综合能力提出了较高要求。然而，在许多中小型水电站，现有的技术人员大多具有传统电力工程背景，缺乏对新兴数字化技术的理解和应用能力。此外，智慧水电的运行和维护需要持续的技术支持和运维保障，而这些都需要专业的技术团队来支撑，这对于许多中小型水电站来说是一个显著的挑战。为应对这一挑战，需要加强技术人才的培养和储备。可以通过高校合作、企业内部培训和技术交流等方式，提升技术人员的数字化能力。同时，还可以引入外部技术支持，通过与专业技术服务公司的合作，弥补内部人才的不足，确保智慧水电的顺利实施和持续运营。

随着智慧水电的广泛应用，数据安全与隐私保护问题逐渐凸显。智慧水电系统涉及大量的实时监测数据、运行数据以及设备状态数据，这些数据一旦泄露或遭受攻击，可能会对水电站的运行安全和管理效能造成严重影响，甚至可能危及整个区域的电力供应安全。此外，智慧水电系统的互联互通特性，使得网络攻击的风险增加，黑客可能通过网络入侵系统，篡改数据或破坏控制系统，造成不可估量的损失。因此，如何确保数据的安全性和系统的可靠性，是智慧水电面临的一个重大挑战。应对这一挑战，需要在系统设计和部署过程中，充分考虑数据安全和隐私保护的需求。可以通过加强网络安全防护措施，采用加密技术保护敏感数据，以及建立健全的安全管理制度，防范潜在的网络攻击和数据泄露风险。同时，还应定期进行安全演练和风险评估，提升应对突发事件的能力，确保智慧水电系统的安全稳定运行。

智慧水电的推广和应用在很大程度上依赖于政策和标准的支持。然而，目前在许多地区，智慧水电的相关政策和标准仍不够完善，缺乏系统性和指导性。这导致中小型水电站在实施智慧水电时，面临政策不确定性和标准缺失的困境。例如，智慧水电涉及的数据管理、设备互联、系统集成等方面，目前尚无统一的行业标准，这给技术实施和系统兼容性带来了挑战。同时，政府的支持政策，如资金补贴、技术推广和人才培养等方面，尚未形成系统化和持续性的支持，导致企业在实施智慧水电时面临较大的风险和不确定性。为应对这一挑战，需要政府部门加快智慧水电相关政策和标准的制订，提供更加明确的指导和支持。例如，可以出台专项扶持政策，鼓励中小型水电站进行数字化改造，并通过立法和行业标准化建设，规范智慧水电的实施和管理，确保其安全、可靠、可持续发展。

参 考 文 献

［1］ 梁庚，崔青汝. 基于现场总线全数字化技术的水电站辅机机电控制系统改造 ［J］. 水电与抽水蓄能，2023，9（2）：22-26，34.

［2］ 曹萍，颜红亮，王志军，等. 数字化技术在水电站检修设施技改工程中的应用 研究［J］. 湖南水利水电，2023（3）：33-37.

［3］ 孙正华，陈毅峰，崔进，等. YJBY 水电站工程数字化技术应用［J］. 红水河，2023，42（1）：21-26.

［4］ 文浩，倪婷，马青. 数字化设计在果多水电站厂房中的应用［J］. 红水河，2023，42（2）：27-31.

［5］ He Shiqiang. Some thoughts on digital information management of comprehensive supervision of resettlement of hydropower project［J］. Yunnan Hydropower Generation, 2023, 39(11): 51-55.

［6］ Deng Pengcheng, Zhou Suyu, Wu Wenshuai. The practice of digital control of hydropower construction in Wuqiangxi expansion project［J］. Electric Power Equipment Management, 2023(10): 148-150.

［7］ Duan Bin, Ding Xin-chao, Zhou Xiang, et al. Research and practice of BIM technology digitization for large-scale complex hydropower projects［J］. Hydropower Energy Science, 2023, 41(5): 187-189, 108.(in Chinese)

［8］ Yan Guoshun, Bai Guanghui, Gong Ke, et al. Research on digital transformation path of large hydropower enterprises［J］. Hydropower and New Energy, 2022, 36(12): 1-4.

［9］ Long Xiubin, Zheng Xiangwei, Wang Libao. Selection design and Application of digital GIS switching station in Jinsha Hydropower Station［J］. Journal of Water Resources and Hydropower Letters, 2022, 43(3): 94-99.

［10］ Tian Jirong, Zhang Shuai, Lin Hanwen, et al. Application of digital construction management model in DG hydropower station［J］. People's River, 2021, 52(1): 224-229.

［11］ 刘珊. 基于 BIM 的水电工程建设管理数字化应用与研究［J］. 智能建筑与工程机械，2022，4（9）：31-33.

［12］ 苏骏. 基于数字化驱动的水电站厂内经济运行的探索［J］. 红水河，2022，41（2）：117-120，130.

［13］ 彭兵. 水电站管路预制及数字化装配施工技术研究［J］. 中国设备工程，2022（1）：216-217.

［14］ 黄勇，杨党锋，苏锋，等. 基于 BIM 的水电工程全生命周期数字化移交应用研究［J］. 中国农村水利水电，2020（11）：182-187.

［15］ 范发亮. 水利水电工程建设中的 BIM 技术应用分析——评《水利水电工程 BIM 数字化应用》［J］. 人民黄河，2023，45（5）：后插1.

［16］ 陈燚涛，李朝晖. 面向检修的水电设备数字化建模［J］. 电力系统自动化，2005，29（7）：79-83.

［17］ 刘仪影，潘晓泉，冯绍诚. 水利水电工程移民征迁安置工作数字化研究［J］. 水力发电，2020，46（7）：85-88.

［18］ 潘娟娟，刘颢. 数字化测绘技术在水利水电工程施工中的应用［J］. 中国新技术新产品，2021（7）：97-99.

［19］ 陈慧清，黄勇，王晨祥，等. 寺沟口水电站数字化建设［J］. 陕西水利，2021（10）：191-194.

［20］ 陈国青，姜巍. 智慧水电数字化服务平台建设和发展［J］. 水电站机电技术，2023，46（12）：57-61.

［21］ 何立新，石强. 大型水电站机组检修计划优化数字化模型构建及应用［J］. 电工材料，2021（1）：54-58.

［22］ 王文林，张帆，黎白灵. 水利水电工程移民安置管理数字化应用实践［J］. 云南水力发电，2022，38（6）：28-31.

［23］ 熊保锋，张帅. 数字化水电站设计施工运营应用平台建设［J］. 人民长江，2019，50（6）：130-135.

［24］ 黄春犁，胡美玲，赵会城. 水电站启闭设备的全寿命周期数字化管理系统［J］. 现代工业经济和信息化，2022，12（10）：34-36，38.

［25］ 赵光宇. 数字化在水电站运行管理中的应用［J］. 水电站机电技术，2019，42（5）：33-35，42.

［26］ 乔世雄. 数字化测图技术及其在水利水电工程中的应用［J］. 水利水电科技

进展，2001，21（6）：56-58.

［27］ 吕鹏飞，卢军. 大岗山水电站数字化管理平台开发与应用［J］. 人民长江，2014（22）：9-12，29.

［28］ 王录永，胡喆，郜发刚. 数字化水电站监控系统解决方案研究［J］. 水电站机电技术，2018（11）：62-64，91.

［29］ 刘松，昝亚峰，李文金. 数字化水电站在线监测系统解决方案研究［J］. 水电站机电技术，2018（11）：81-83.

［30］ 王录永，吴明波，李颖. 数字化水电站自动化元件解决方案研究［J］. 水电站机电技术，2018（11）：71-73.

［31］ 唐建平. 中小型水电站自动化改造构想［J］. 科技风，2010（17）：1.

［32］ Lu Renwen, GUI Yonghua, Lu Minhong. Development direction of automation for small and medium-sized hydropower stations — digital hydropower stations［J］. Small Hydropower, 2014(6): 5.

［33］ Ni Weidong, Ge Lilong, Zhu Guiquan. Discussion on digital hydropower station and its implementation Plan［J］. Equipment Manufacturing Technology, 2010(11): 98-99+102.

［34］ XIE Tian. Discussion on construction system of intelligent digital Hydropower Station monitoring system［J］. Science and Technology Innovation, 2020.

［35］ Kang Huan, Ye Rui, Yang Hu, et al. BIM Optimization Design and Digital Application for Expansion Project of Wuqiangxi Hydropower Station［J］. 2020.

［36］ Luo Changkun. Research on centralized control and management of small and medium-sized hydropower stations［J］. Digital Users, 2017, 23(45): 28.

［37］ Fu Yuxiang. Analysis of software requirements of computer monitoring system for small and medium-sized hydropower stations［J］. Digital User, 2017, 23(33): 104-105.

［38］ Wang Dekuan. IEC61850 and the concept and prospect of digital hydropower plant ［C］// China Hydropower Engineering Society Information Committee Academic Exchange meeting. 2009: 1-4.

［39］ 蔡卫江，陈东民，荣红，等. 数字化水电站中智能水轮机调速器的设计思路［C］// 中国电工装备创新与发展论坛——智能电网技术及其装备研讨会. CNKI；WanFang，2010：68-71.

［40］ 孙智. 恩施州车坝水电站综合自动化系统通信网络基础平台数字化改造设计
［J］. 湖北民族学院学报：自然科学版，2011，29（2）：3.

［41］ 钱玉莲，王金峰，王国光，等. 数字化设计在仙居抽水蓄能电站中的应用
［J］. 水利规划与设计，2018（2）：6.

［42］ 向泽江，陈家恒，李颖. 数字化水电站发展方向及关键技术解决方案［J］.
水电站机电技术，2018，41（11）：5.

N